MIDLIFE-CHANCEN

FÜHRUNGSKRÄFTE AUF NEUEN WEGEN

KLARTEXT

MATTHIAS COMPES UND
STEFAN WIESENBERG (HG.),
BIRGIT WILMS

MIDLIFE-CHANCEN

FÜHRUNGSKRÄFTE AUF NEUEN WEGEN

Die Interviews in diesem Buch wurden zwischen Frühjahr 2018 und Herbst 2019 geführt.

Bibliografische Information der Deutschen Nationalbibliothek
Die Deutsche Nationalbibliothek verzeichnet diese Publikation in der Deutschen Nationalbibliografie; detaillierte bibliografische Daten sind im Internet über http://dnb.dnb.de abrufbar.

1. Auflage Januar 2020

Umschlaggestaltung: Ina Zimmermann
Satz und Gestaltung: Satzzentrale GbR, Marburg
Druck und Bindung: MultiPrint Ltd., 10A Slavyanska str., 2230 Kostinbrod, Bulgaria

ISBN 978-3-8375-2206-8

© Klartext Verlag, Essen 2020

KLARTEXT Jakob Funke Medien Beteiligungs GmbH & Co. KG
Jakob-Funke-Platz 1, 45127 Essen
info@klartext-verlag.de, www.klartext-verlag.de

INHALT

Vorwort 7

DIE INTERVIEWS

Freiheit wagen – Why not? Monika Schürholz 9
Schau Dir Dein Leben an! Chris Tamdjidi 17
Verantwortung für das eigene Glück Jochen Staschewski . . . 25
Gelenkt von großem Gottvertrauen Udo Kröger 31
Vom Wolfs- zum Schafspelz Helge Achenbach 37
Funktionsmodus abgestellt Silke Becker 43
Eine Wahnsinnsgeschichte Rüdiger Striemer 49
Von McKinsey zu Macbeth Cay Urbanek 57
Harmonie der Unterschiedlichkeit Ralf Metzenmacher 61
Planlos glücklich Matthias Compes 67

DIE EXPERTENMEINUNGEN

Plädoyer für mehr Flexibilität Christoph Junge 73
Rechtzeitig den Stecker ziehen Gustav Dobos 79
Nur Mut: Reflektion tut gut! Stefan Wiesenberg 87

Herausgeber und Autorin 95

VORWORT

EINFACH EINEN SCHNITT MACHEN?

Zuerst habe ich es an mir selbst beobachtet. Dann bei Freunden. Schließlich wurde der Kreis immer größer: Leute aus Top-Positionen wollten nicht mehr weitermachen wie gewohnt. Einfach weg? Nein. Wir sind nicht leichtfertig von der Karriereleiter gesprungen, sondern nach sorgfältiger Abwägung ins Ungewisse gehüpft.

Was hat uns an diesen Punkt gebracht? Eine zur Lebensmitte genetisch vorprogrammierte Sinnsuche? Steckt mehr dahinter? Welche Sorgen und Ängste, welche Hoffnungen und Träume spielen dabei eine Rolle? Welche Höhen und Tiefen erleben Highperformer in den Entscheidungs- und Trennungsprozessen?

Antworten auf diese Fragen habe ich gefunden, als ich mich von meiner „beruflichen Familie" getrennt und mich einer neuen Aufgabe gestellt habe (nachzulesen ab Seite 67). Seitdem ist mein Interesse an der Thematik weiter gewachsen. Gemeinsam mit Birgit Wilms und Stefan Wiesenberg habe ich deshalb Menschen gesucht, die ebenfalls einen Bruch in ihrer Karriere erlebt haben – selbst herbeigeführt oder durch äußere Umstände beeinflusst. Daraus ist eine kleine Sammlung von sehr persönlichen Interviews geworden, die all jenen Anregung und Unterstützung sein können, die noch auf der Suche nach Antworten für sich selbst sind.

Vielleicht wecken die geschilderten Erfahrungen auch Interesse in den Unternehmen, die im Umgang mit ihrem Top-Management sicher noch dazulernen können. Als Führungskräfte haben viele von uns sich ungezählte Stunden mit dem Thema Mitarbeiterführung beschäftigt. Wir haben Literatur gelesen, Seminare und Trainings besucht, uns durch Coachings unterstützen lassen. Eine gute Entwicklung, ganz im Sinne des Unternehmens und der Mitarbeiterinnen und Mitarbeiter. Und wo bleiben wir selbst ...? Findet die persönliche Weichenstellung der Managerinnen und Manager in der Personalarbeit ausreichend Berücksichtigung?

Die folgenden Geschichten sind naturgemäß sehr individuell. Dennoch haben unser Personalentwickler, Mediziner und Coach rote Fäden entdeckt. Ihre abschließenden Experten-Statements sind spannend zu lesen und wir sind sehr dankbar für diesen hilfreichen Input.

Ich wünsche Ihnen frohen Mut bei der Suche nach Ihren eigenen Antworten, wie auch immer sie ausfallen.

Ihr

Matthias Compes

Monika Schürholz war Geschäftsführerin von Ogilvy Deutschland, zuständig für die Strategische Planung und verantwortlich für die Führung globaler Markenetats. Im Sommer 2018 ließ sie all das hinter sich und wagte den Schritt in das Unternehmen Freiheit und die Selbständigkeit.
Foto: Niko Synnatzschke

FREIHEIT WAGEN – WHY NOT?

Frau Schürholz, Sie haben 2018 einen Traumjob aufgegeben. Warum?

Die Zeit war reif. Wenn man solche Entscheidungen trifft, dann ist das keine Spontanidee. Der Augenblick zu handeln, das ist der Moment wo Kopf und Bauch Dir sagen: Dann tue das jetzt auch. Du kannst nur gewinnen! Das ist meine Erfahrung. Und was kann passieren? Schlimmer als möglicherweise eine Fehlentscheidung verdauen zu müssen wäre es doch, sich später immer wieder vorwerfen zu müssen: Hättest Du doch bloß mal…

Was war denn der Auslöser für diesen Cut?

Menschen reifen, ändern sich, stellen sich neue Fragen. Ich war Geschäftsführerin von Ogilvy Deutschland, verantwortlich für große Etats und die Strategieplanung. Gewiss war das ein Traumjob bei einer der renommiertesten Agenturen weltweit. Aber auch das ist nur ein Titel und ich war ein Rädchen im System. Vor allem aber stellte ich an mir Erschreckendes fest: Ich war auf dem besten Weg nur noch zu funktionieren und noch schlimmer, eine unzufriedene nörgelnde Person zu werden. Ich habe mich selbst nicht wiedererkannt, das hat nur noch negative Energie produziert und da wusste ich: Der Moment ist gekommen, Du musst etwas ändern. Und da bin ich gegangen.

Worüber haben Sie sich denn so tierisch geärgert?

Es gab kein konkretes Ereignis. Eher ein aufgestautes Gefühl in einem nur noch auf Selbsterhalt ausgerichteten Silo-System funktionieren zu müssen, sich fast nur noch mit interner Politik zu beschäftigen und die Chancen, die die modernen Zukunftstechnologien boten an sich vorbeiziehen zu lassen. Meine Leidenschaft schwand, meine Frustration wuchs. Große Networkagenturen versuchen das Neue meist durch ein aneinandergereihtes „Können-wir-auch" abzudecken. Das macht auch Ogilvy perfekt. Und verliert damit zunehmend an Profil. Das ist so als wenn man lauter Komplementärfarben mischt und sich wundert, dass am Ende nur ein undefinierbares „Grauschwarz" überbleibt und die Leuchtkraft fehlt.

Halten Sie diesen Wunsch nach Veränderung für ein Phänomen des eigenen Lebensalters?

Solche Gedanken haben sicher auch etwas mit dem Lebensabschnitt rund um die 50 zu tun, in dem man bewusster und konsequenter wird, Fragen nach dem Sinn stellt und gleichzeitig Lust und Mut hat zu ändern, was einen stört.

Ich hatte keine Lust mehr auf eine Managementkultur und die Fremd-bestimmtheit. Ich habe mich mehr und mehr nach einer unterneh-merischen, inhaltlichen aber auch nach einer emotionalen Heimat gesehnt. Ich war genug gereist, hatte Karriere gemacht, Anerken-nung und Erfolgspunkte gesammelt und Freunde in aller Welt gefun-den – jedoch oft ohne die Muße, diese Freundschaften auch richtig zu pflegen, oder mich über meinen Erfolg zu freuen. Ich fühlte mich, als hätte ich mich verkauft. Und ich war nicht mehr bereit den Preis dafür zu akzeptieren.

Viele Managerinnen und Manager spüren in dieser Phase eine aufkommende Unzufriedenheit. Was läuft schief? Was könnten Unternehmen besser machen?

Schwierig. Tempo, Druck und Erwartungshaltungen sind hoch. Wir tun uns in Deutschland generell schwer, Flexibilität zu leben, Mut zu belohnen und auf individuelle oder strukturelle Bedürfnisse einzuge-hen. Das ist in anderen Ländern anders, beispielsweise in skandina-vischen Ländern. Wir lieben klare Strukturen, Hierarchien, Ordnung, Kontrolle. Das ist sehr deutsch. Und das hat uns in der Vergangen-heit sehr erfolgreich gemacht. Doch es weht heutzutage ein anderer Zeitgeist. Das heißt nicht, dass man keine Strukturen mehr braucht, aber sie dürfen nicht mehr starr sein. Vor allem wenn es um kreati-ve Prozesse und neue Geschäftsmodelle geht muss man bereit sein sich neu aufzustellen, um als Unternehmen für Mitarbeiter attraktiv und im Markt erfolgreich zu sein.

Wie Sie das gerade bewusst tun – obgleich Ihr Weg von Ehr-geiz, hohem Einsatz, Selbstverwirklichung in der Arbeit und der immer neuen Suche nach Herausforderungen erzählt. Schau-en wir genauer hin. Nach dem BWL Studium in Münster ging es gleich nach Hamburg zu Lintas…

Es klingt verrückt. Ich war Anfang 20, fuhr mit der Bahn nach Ham-burg und dachte, das fühlt sich richtig an, das wird meine Stadt. Bei allen wegweisenden Entscheidungen habe ich mich übrigens bisher immer sowohl auf meinen Verstand aber auch auf mein Gefühl verlassen. Und dann bei Lintas hatte ich auch noch das Glück einen großartigen Mentor zu finden. Einen unglaublichen Freigeist, der mich geprägt hat und mir mitgegeben hat, dass alle Dinge im Leben mindestens zwei Seiten haben. Aber erst wenn Du die dritte erkennst, dann hast Du verstanden.

Sehnsucht nach einer guten alten Zeit?

Rückblicke haben immer etwas leicht Romantisierendes. Darum geht es mir aber nicht. Meine Sehnsucht bezieht sich eher auf die Euphorie und die unfassbar positive Energie, mit der ich damals unterwegs war.

In Hamburg sind Sie zwei Kollegen in eine neu gegründete Agentur gefolgt, hatten ein hohes Maß an Verantwortung. Konnten rasch lernen zu präsentieren und zu überzeugen. Dann ging es ins Mekka der Branche nach London. Nach der Zeit bei BMP DDB Needham wieder zurück zu Böning und Haube nach Hamburg, dann Aufbau des Büros von Grey in der Hansestadt. Nächste Station: Serviceplan in München. Und dann haben Sie sich noch einmal für Ogilvy entschieden.

Das war ein echter Zufall und zwar genau in dem Moment, in dem ich wieder offen war für eine neue Herausforderung, vor allem aber für eine globale Perspektive. Der damalige Ogilvy-Geschäftführer holte mich zunächst ins Management Board von Ogilvy Deutschland, in die Frankfurter Zentrale, und dann haben wir das Top Management auf die drei Standorte von Ogilvy in Deutschland verteilt. Und so bin ich nach Düsseldorf gekommen.

Eine echte Bilderbuch-Karriere. Was kommt jetzt?

Nach dem zunehmend frustrierten Zappeln im System und ganz im Sinne meiner Überzeugung „love it, change it or leave it" habe ich mich für letzteres entschieden. Ich konnte mich nicht mehr mit der Network-Struktur und ihrer Führung identifizieren, also habe ich den Schritt in die Selbstbestimmung gewagt. Allerdings war das keine reine Anti-, sondern eine Pro-Entscheidung. Eine Entscheidung, die mit einer klaren Idee verbunden war, WAS ich gerne machen wollte. Vor allem aber WIE ich es machen wollte.

Ich bleibe dem Thema Strategie treu. Marketing, Markenführung und Kommunikation, das liebe ich. Und ich konzentriere mich auf die Wurzeln des Ganzen, auf das, oder genauer gesagt, auf den, der im Mittelpunkt aller Bemühungen stehen sollte: den Menschen, seine Erwartungen und Erfahrungen. Und darauf, diese mit den Möglichkeiten der modernen Datentechnologien zu analysieren und zu begreifen. Das ist ein unfassbar spannendes Thema. Es geht um die Verbindung von Behavioral Science und Artificial Intelligence, um es mal in den Fachbegriffen auszudrucken.

Und zum WIE: Ich möchte die Kraft und das Tempo, die heutige Schnelllebigkeit und die daraus entstehenden Möglichkeiten nutzen. Sie sind schließlich fester Bestandteil unseres Lebens geworden. Aber ich möchte sie sinnvoller nutzen, als es im Zuge des aktuellen Technologiehype geschieht, eben im Sinne der Menschen. Und derer, die sie nutzen um Menschen damit zu erreichen. Das wird gemeinsam mit meinem Geschäftspartner gelingen, der nicht nur einen großen Teil dieses Wissens in Perfektion mitbringt, sondern einfach ein großartig gradliniger und vor allem schlauer Mensch ist. Wir haben uns auf unserer letzten beruflichen Station kennen und schätzen gelernt und beschlossen: Das machen wir zusammen! So haben wir im März 2019 unser gemeinsames Unternehmen gegründet.

Wen wollen Sie denn beraten?

Direktkunden oder Agenturen, die neue Antworten auf Fragen nach einem verbesserten Erwartungs- und Entscheidungsmanagement suchen, oder in unserer Marketing-Sprache ausgedrückt, einer verbesserten Customer Experience. Kurz: die bessere Kundenbeziehungen aufbauen wollen. Das sind Kunden, denen wir mit unserem Ansatz, egal an welchem Punkt der Kommunikations- oder Interaktionskette, helfen können, viele noch nicht ausgeschöpfte Potenziale zu entdecken.

Denken Sie dabei auch an eine besondere Art von Produkten?

Da der Ansatz inhaltlich und nicht disziplinär getrieben ist, sind unsere Empfehlungen ergebnisoffen. Und vielleicht entstehen sogar auch ganz neue Produkte oder Services. Was mich aber besonders reizt ist, dass wir damit nicht nur mit der klassischen „Marketing" Klientel zusammenarbeiten können. Ich möchte unser Wissen auch gerne für soziale, gesellschaftlich relevante und humanitäre Kampagnen nutzen. Beispiel: Wir alle wissen, dass Blutkonserven knapp sind. Wir alle wissen, dass es vernünftig wäre Blut zu spenden. Aber warum gibt es zu wenige Spender? Und was müsste man tun, um die Menschen nicht auf der rationalen Ebene, sondern auf der unterbewussten, verhaltenspsychologischen Ebene anzusprechen. Das wären reizvolle Themen für mich. Unser Ansatz bietet ein wunderbar breites Spektrum.

Und was sagt diesmal Ihr Gefühl?

Ich glaube fest an unsere Idee. Wenn man von etwas begeistert ist, dann stellt sich der Erfolg auch ein. Meine Energie, Frische und Leidenschaft sind zurück. Wir haben die Zügel selbst in der Hand. Mein Netzwerk sendet positive Signale. Ich spüre ein persönliches Ankommen. Das hat sicher auch etwas mit dem Standort Düsseldorf zu tun. Wenn man in der Region geboren und aufgewachsen ist, bleibt man ein Leben lang dieser offenen und direkten Mentalität verbunden. Ich habe meinen Reisekoffer abgestellt. Nicht zuletzt, weil sich eine Vision erfüllt hat, die ich schon in der Kindheit hatte. Ich war immer voller Zuversicht, früher oder später auch den richtigen Mann fürs Leben zu begegnen. Vor vier Jahren haben wir uns gefunden.

Privat glücklich und heimisch in Düsseldorf – wird das auch ihr Firmensitz?

Die Idee ist nicht auf einen Standort oder großen Maschinenraum angewiesen. Aber in Düsseldorf ist mein Ankerpunkt. Mein Geschäftspartner und ich nutzen ein Coworking-Büro an der Ratinger Straße. Spannend! Man ist flexibel, lernt andere Leute und Businessideen kennen. Offen, modern, neugierig ist man da. Statussymbole verlieren an Wichtigkeit. Das ist das, was ich unter einer modernen Art zu arbeiten verstehe und wie sich gelebte Freiheit anfühlt. Und so klein wie wir sind, ein „Betriebsrad" haben wir auch schon.

Chris Tamdjidi kommt aus der klassischen Unternehmensberatung. Mit 31 Jahren hat er sich neu aufgestellt: Er ist u. a. Mitgründer einer Achtsamkeitsakademie, die weltweit wissenschaftlich forscht und Wirtschaftsunternehmen sowie Sportler oder Politiker schult und berät. Foto: Kalapa Academy

SCHAU DIR DEIN LEBEN AN!

Herr Tamdjidi, können wir unser Gespräch mit einer kleinen Basis-Achtsamkeitsübung beginnen?

Natürlich. Am besten kommen Sie erstmal in diesem Raum an. Nehmen Sie zwei Minuten lang einfach nur Ihre Atmung wahr.

Gefühlte 30 Sekunden sind um. Ich versuche, besonders gleichmäßig und tief zu atmen, ist das gut?

Das ist schon zu viel. Sie wollen eine Aufgabe erfüllen. Diese Übung hat aber nicht das Ziel, eine besonders gute Leistung abzurufen oder Sie „still" zu machen. Sie sollen nur spüren: Was ist in mir los? Bin ich in der Situation entspannt – oder vielleicht unruhig, unsicher oder müde? All dies sind valide Antworten. Eine Analyse ist hierbei gar nicht erwünscht. Es geht lediglich um die Wahrnehmung dessen, was ist.

Klingt simpel, ist es aber nicht. Das Kopfkarussell dreht sich. Wie halte ich es an?

Achtsamkeit bedeutet, einfach mal hinzuschauen. Die Realität zu erkennen. Ohne sie zu bewerten.

Und das muss man den Menschen offenbar beibringen?

Für viele ist das schwer, weil sie darauf trainiert sind, sich selbst nicht zu spüren. In der Beschleunigung spüren wir uns nicht. Und wir sind ja ständig abgelenkt von uns selbst, von dem was gerade ist, und werden auch dahin erzogen.

In der Kindheit, im Alter von acht bis zehn Jahren, bilden sich die entsprechenden Vernetzungen im Gehirn aus. Die permanente Botschaft lautet: Folge Deinem Verstand oder irgendwelchen Reizen, halte Deine Emotionen im Griff, spüre Dich selbst nicht. Damit gerät man aber aus dem Gleichgewicht.

Mit welchen Folgeerscheinungen?

Der Mensch ist einerseits ein biologisches Wesen, gesteuert von Hormonen, Nervensystemen etc., andererseits ist er ein soziales Wesen. Aus dieser zweiten Säule gewinnen wir unsere Freude, unsere Lebenslust. Dieses Basiswissen wird vielfach massiv ignoriert und wir vergessen im Unternehmensalltag, dass der Mensch ein soziales Wesen ist. Dazu kommt, dass heute keiner Probleme alleine löst. Die Bewältigung von Aufgaben und das Lösen von Problemen funktionieren nur im Kollektiv, im Vertrauen, in emotionaler Sicherheit. Leistung und Fürsorge sind somit untrennbar. Das wird viel zu häufig übersehen. Fehler liegen oft nicht in Prozessen oder in der Technologie, sondern im Mangel an gemeinsamer Wertschätzung oder Zusammenarbeit. Wir Menschen könnten eigentlich alle Probleme der Welt lösen. Wir machen es aber nicht.

Das klingt nach akutem Handlungsbedarf. Welchen Weg schlagen Sie vor?

Wir Menschen müssen lernen, uns um unsere geistige Gesundheit zu kümmern und unseren Platz im Leben zu finden – wo wir uns wirklich wohlfühlen, und wir das Gefühl haben, wir sind am richtigen Platz. Es kann nicht besser werden, wenn wir alle in einer vorgegebenen Richtung weiterrauschen. Uns selbst zu spüren und wahrzunehmen, wie es uns geht, ist dabei sehr wichtig. Viele leiden ja auch und sie glauben, dass die Änderung äußerer Umstände die Lösung ist. Doch eigentlich sind sie unzufrieden, weil sie ihre innere Stimme ignorieren. Hinhören, hinsehen, das ist erforderlich. Hierzu kann man Kompetenzen aufbauen! So wie wir die Kalorienzufuhr regulieren können, um unseren Körper gesund zu halten, können wir auch sozusagen die tägliche geistige Aufnahmeportion bewusst steuern. 60 bis 70 Prozent der Leute, mit denen ich arbeite, schaffen das Schritt für Schritt in einem langsamen Umbruchprozess und müssen nicht irgendwie aussteigen. Nur bei etwa 10 bis 30 Prozent ist tatsächlich ein schnelles akutes Handeln nötig, weil ihre Situation aus diversen Gründen unerträglich ist.

Sie holen Leute also aus Endlos-Schleifen und Gewohnheiten heraus. Wie machen Sie das und wie nachhaltig wirkt ihre Arbeit?

Es braucht Übung, Wiederholungen, bis man neue Verhaltensweisen so verinnerlicht hat, dass sie selbstverständlich erscheinen. Achtsam zu leben erfordert zunächst ein gewisses Maß an Disziplin. Beispielsweise Sportler oder Musiker sind darin etwas besser und bleiben eher dran und erzielen somit spürbare Lernerfolge! Viele Leute unserer Generation sind auf dem Weg. Lassen Sie uns so einen Umdenkprozess der Einfachheit halber mit dem Thema Rauchen vergleichen.

Früher war rauchen cool, schmeckte nach Freiheit und Abenteuer. Heute wissen wir, dass es massiv gesundheitsschädlich ist und empfinden es absolut nicht mehr als sexy, wenn jemand raucht. So ändert sich seit einigen Jahren auch die allgemeine Sicht auf gesellschafts- und gesundheitsschädliche Denk- und Verhaltensmuster. Es wird immer uncooler, einen reinen Profit- und Leistungsgedanken zu kultivieren und dabei das Menschsein zu vernachlässigen.

Ein Wandel, den Sie persönlich vollzogen haben: Sie waren früher sehr erfolgreich als klassischer Unternehmensberater mit einer 80-Stunden-Woche, haben beispielsweise für die Boston Consulting Group Kraftwerksunternehmen in ihrer Strategieplanung begleitet oder für eine Avis-Tochter eine Internetverkaufsplattform für Autos entwickelt. Was war für Sie der Auslöser, neue Wege einzuschlagen?

In der Rolle gab es zwei Faktoren, die für mich nicht gepasst haben – die mich vom Menschsein ferngehalten haben. Erstens: Man schaut immer nur durch Zahlen. Zweitens: Man muss immer Recht haben. Das hat mich nicht mehr gereizt. Ich habe mit 31 Jahren einen Schnitt gemacht. Das ist vergleichsweise früh und liegt sicher unter anderem darin begründet, dass ich schon als junger Mensch viel reisen und meine Sicht auf die Welt erweitern durfte.

Ihre Vita ist außergewöhnlich. Sie sind 1970 in Wien geboren, haben in Indonesien, Sri Lanka, Vanuatu und den Vereinigten Arabischen Emiraten Schulen besucht, in England ihren Bachelor of Science abgelegt, dann erstmal eine einjährige Weltreise erlebt, anschließend in den USA studiert, diesen Abschnitt 1993 mit dem Master of Business Administration abgeschlossen. Ein privilegiertes Leben, das Ihnen in der Tat viele Einblicke verschafft hat, auch in verschiedene Kulturen und Religionen. Sind – nach ihren Beobachtungen – einige in punkto Achtsamkeit besser entwickelt als wir?

Nein. Das kann ich so pauschal nicht sagen. Die Menschen auf dieser Erde sind unterschiedlich – und in ihren Grundbedürfnissen eben doch alle gleich. Staatssysteme und Glaubensgemeinschaften schaffen auf unterschiedliche Weise Rahmenbedingungen für einen Zusammenhalt oder eine besondere Spiritualität. Das Ideal gibt es nicht.

Von 2001 bis 2009 waren Sie als Direktor bei „Shambhala Europe" für ein Retreat Center sowie 65 buddhistische Meditationszentren in Europa und Asien verantwortlich. Dort haben Sie Arbeitsbedingungen definiert, Organisationsstrukturen aufgebaut, Trainingsprogramme für Meditationstrainer und Lehrer entwickelt. Dann haben Sie gemeinsam mit Liane Stephan – die aus der Führungskräfteentwicklung kam – die „Kapala Leadership Academy" gegründet. Was tun Sie in dieser Akademie genau?

Wir bieten Trainings in authentischem Führen an. 35 Trainer sind für uns in Europa, China, Kanada und Brasilien im Einsatz. Dabei haben wir – ganz kurz umrissen – die Vitalität des Körpers, die emotionale Intelligenz und das Wissen/den Verstand im Blick. Die Workshops enthalten meist eine Reihe von acht bis zehn Terminen. Dazu bin ich auch selbst in Europa und China unterwegs, um Leuten das „Menschsein" zu erklären.

Ihre Arbeitszeit hat sich durch den Wechsel nicht reduziert...

Nein. Das Tun strengt mich aber nicht so sehr an. Meine Kernarbeit besteht ja darin, Entspannung zu vermitteln. Das macht mir Freude. Und ich kann mich selbst gut und schnell erholen. Ich meditiere jeden Tag mindestens eine Stunde lang, das nährt mich. Jedes Jahr gönne ich mir eine einmonatige Auszeit und verbringe zusätzlich einen langen Urlaub mit der Familie. An den Wochenenden nehme ich mir bewusst nichts vor. Falls es dann doch einmal zu stressig wird, spüre ich das schnell. Lustlosigkeit und Gereiztheit sind meine Warnsignale. Dann trete ich auf die Bremse und suche Möglichkeiten des Auftankens. Eine gute Methode ist für mich beispielsweise, ganz früh aufzustehen, das Haus ohne Ziel zu verlassen und beim planlosen Schlendern die Stadt neu zu entdecken.

Sie begleiten mit Ihrer Arbeit eine sehr erfolgreiche Sport-Mannschaft. Zu Ihren Kunden zählen Politiker aus dem Deutschen Bundestag und der EU-Kommission. Machen Sie dort besondere Beobachtungen?

Ich sehe massive Überforderung. Wenn ich im April einen Termin abstimmen möchte und dann zur Antwort bekomme, dass es vor September nichts wird, weil es keinen einzigen freien Tag mehr gibt, dann ahnt man das Pensum. Folglich sind diese Politiker weder kognitiv noch kollaborativ gut drauf, unter den Bedingungen können sie keine Selbststeuerungskraft entwickeln.

Abgeordnete haben die permanente öffentliche Aufmerksamkeit...

...und sie müssen trotz der Anstrengungen, die das mit sich bringt, dringend lernen, sympathisch zu werden. Logisch zu handeln, führt in der Politik nicht unbedingt zum Ziel. Nur als mitfühlender Mensch versteht man, warum Leute sich so oder so verhalten. Politiker sind zu sehr auf Zahlen oder das Medienecho fixiert. So passiert es, dass sich Wähler allein gelassen fühlen. Das ist gefährlich. Konstruktives wird dann immer schwieriger. Eine Guerillataktik entfaltet sich. Der, der sich nicht gehört fühlt, handelt dann auch gegen das System. Schauen Sie, was in konzentrierter Form im Osten und auch anderenorts in unserem Land passiert. Oder blicken Sie in die USA. 30 Prozent der Menschen dort haben ein Vierteljahrhundert wirtschaftliche Depression hinter sich. Wenn das Einkommen permanent weniger wird, schwinden Glauben an und Vertrauen in die Politik.

*Sympathisch werden… ist womöglich für ein Wirtschaftsunter-
nehmen mit klarer Ausrichtung leichter als für Politiker, die
vielfach zwischen den Stühlen sitzen und Kompromisse finden
müssen. Rund 4.000 Workshops haben Sie gerade in einem
Rollout für „Hilti" entwickelt. Und dabei ist der weltweit agie-
rende Werkzeughersteller in Sachen Mitarbeiterfürsorge keine
Ausnahme…*

Nein. Viele Firmen machen in dieser Hinsicht schon sehr viel. Weil
sie erkannt haben, dass es den Menschen gut gehen muss, wenn sie
Leistung bringen sollen. Die konzeptionelle Bereitschaft zur Veränderung ist in den Chefetagen sehr hoch. Die weitere Herausforderung
ist dann, auch nach dem Workshop wirklich an die Systeme heran-
zugehen.

*Sie sind Gründer und Inhaber eines Schlosshotels, das den
Gästen neben einem angenehmen Aufenthalt auch Meditati-
on und Kontemplation bietet. Sie leiten ein Forschungsprojekt
mit einigen Unis zum Thema Achtsamkeit, an dem sich mehr als
40 Firmen beteiligen. Sie tauschen sich in Fragen der körperlichen und geistigen Gesundheit mit internationalen Kapazitäten
aus. Wir hätten noch viel Gesprächsstoff. Ich möchte aber jetzt
vielmehr von Ihnen wissen, ob Sie selbst ein guter Arbeitgeber
sind?*

Das glaube ich. Was wir in alle Welt tragen, setzten wir natürlich auch
hier bei uns um. Wir achten schon sehr gut auf unsere Leute. Wir
pflegen unsere Rituale, das Team meditiert täglich gemeinsam für
15 Minuten. Wir sind im dauernden Dialog, nehmen Vorschläge und
Wünsche aus dem Team ernst, nehmen selbstverständlich Rücksicht
auf private Ausnahmesituationen. Die inhaltliche Arbeit bereitet den
Leuten Freude. Sie können sich hier entwickeln und entfalten. Hoffe
ich zumindest!

Die Räume hier in Ihrem Kölner Büro sind freundlich und an-
genehm gestaltet, in guter Lage eines kreativen Stadtteils. Es
gibt eine offene Küche und einen schönen Innenhof, der zum
gemeinsamen Mittagessen einlädt. Sind das die Rahmenbedin-
gungen, mit denen man heute auch noch heiß begehrte junge
Leute auf dem Arbeitsmarkt erreichen kann?

Die Jungen wissen sehr genau, was sie wollen. Sie sind sehr gut vernetzt und sie stehen auf. Sie tragen nicht die Hypothek der Nach-
kriegs-(Enkel-)Generation auf den Schultern. Ihre Baustelle ist eher
ein Mangel an Durchhaltevermögen, das ihnen bisher selten abver-
langt wurde.

Auch dies erfordert Achtsamkeit – und künftig Ihre Aufmerk-
samkeit. Vielen Dank für das Gespräch!

Jochen Staschewski schaltete nach einer Polit-Karriere bis hoch zum Posten des Staatssekretärs auf Stopp. Heute ist er für die Lottogesellschaft in Thüringen verantwortlich. Foto: LOTTO Thüringen/arifoto

VERANTWORTUNG FÜR DAS EIGENE GLÜCK

Politik und Lotterie. Da drängen sich diverse Wortspiele auf. Diese lassen wir aber beiseite und kommen gleich zum Punkt: Herr Staschewski, worin besteht Ihre aktuelle Aufgabe?

Ich bin als Geschäftsführer der Lotterie-Treuhandgesellschaft für die Durchführung der öffentlichen Glücksspiele in Thüringen verantwortlich, in einer von bundesweit 16 staatlichen Lottogesellschaften.

Was tun Sie da konkret?

Vereinfacht erklärt: Bei uns im Keller stehen riesige, extrem geschützte Computer, in denen wir die Glückstipps für alle Spiele sammeln und verarbeiten. Das gilt auch für die Lotterie Eurojackpot. Da arbeiten wir mit 33 Lotteriegesellschaften aus 18 Ländern zusammen. Erstens bin ich also sozusagen Chef eines High-Tech IT-Unternehmens. Zweitens arbeite ich mit an den Rahmenbedingungen und Gesetzesinitiativen, die Recht und Ordnung auf dem Glücksspielmarkt regeln sollen. Da haben wir nämlich eine große Verantwortung beispielsweise im Bereich des Jugendschutzes und der Suchtprävention und müssen uns zugleich gegen illegale Anbieter wehren. Der Glücksspielmarkt wächst jährlich um mehr als 30 Prozent. Doch viele illegale Anbieter nehmen am Staat vorbei das Geld ein. Damit sind wir beim dritten Punkt meiner Aufgaben. Staatliche Lottogesellschaften verteilen bekanntlich ihre überschüssigen Einnahmen zugunsten des Allgemeinwohls. Das Geld fließt beispielsweise in den Landessportbund, in Umwelt- und Sozialprojekte. Deutschlandweit sind das knapp drei Milliarden Euro jährlich. Es ist mir wichtig, dass mit dem Geld, welches wir in Thüringen erwirtschaften, vielfältige Projekte des Gemeinwohls hierzulande unterstützt werden.

Warum eigentlich Thüringen? Nach der Schule haben Sie eine Erzieherausbildung absolviert und das Abitur an einem Kolleg in Schweinfurt abgelegt. Zum Deutsch-, Sozialkunde- und Geschichtsstudium auf Lehramt ging es nach Regensburg. Was hat Sie in die damals „neuen" Bundesländer gelockt?

Kurz nach der Wende fand ich den Osten – wie auch heute noch – überaus spannend! Ich wollte dem Marxismus nachspüren und miterleben, wieviel davon das vereinte Deutschland verträgt. Ich wollte hautnah bei den Wiedervereinigungsprozessen dabei sein. Vor allem habe ich damals meinen heutigen Mann kennengelernt. Er studierte in Jena – und mit meiner Fächerkombination konnte ich da auch problemlos unterkommen.

Sie erlebten eine bewegende Zeit an der Friedrich-Schiller-Universität!

Allerdings. Als Student war ich zunächst parteilos. Bin dann aber politisch geworden, weil ich empört feststellte, dass die Struktur in Ostdeutschland über einen sehr guten Mittelbau verfügte – dieser aber in Angleichung an westdeutsche Standards im Begriff war, enorm zu schrumpfen. Das ließ mich in die SPD eintreten. Ich war sehr aktiv, habe die „Sozialdemokratischen Hochschulgruppen" in Thüringen mitgegründet – der Begriff „Jusos" war damals verpönt, an Sozialisten wollte niemand erinnert werden, auch nicht, wenn es sich um Jungsozialisten handelte. Und eines Tages kam dann die Frage, ob ich im Senat der Uni mitmachen möchte.

Das haben Sie bejaht und viele Einblicke in die Hochschulpolitik gewonnen ...

... und die Überzeugung, dass ich mich in der parlamentarischen Demokratie engagieren muss. Das habe ich dann ja auch viele Jahre getan. Auf kommunaler Ebene vor allem während der Umbauphase der Stadtpolitik.

Um die Jahrtausendwende ging es für Sie Stufe um Stufe über die Landes- in die Bundesebene. Ein Schnelldurchlauf: Sie waren Mitarbeiter im Landesvorstand der SPD, haben 2002 das Büro des Bundesverkehrsministers Manfred Stolpe geleitet, 2005 das Büro des Parteivorsitzenden Matthias Platzeck. 2007 wurden Sie Landesgeschäftsführer der SPD und waren verantwortlich für den Wahlkampf 2009, der die SPD als Koalitionspartner der CDU in den Landtag katapultierte und Sie in das Amt des Staatssekretärs im Thüringer Ministerium für Wirtschaft, Technologie und Arbeit von 2009 bis 2014. Zwischen-

zeitlich haben Sie sogar kommissarisch die Amtsgeschäfte des Wirtschaftsministers übernommen. Und dann zum 5. Dezember aufgehört?

Ja. Dafür gab es drei Beweggründe. Persönlich hatte ich das Bedürfnis nach Abstand. Fachlich stellte ich einen Tunnelblick bei mir fest: Im Gespräch mit der Familie und mit Freunden spürte ich eine Entfremdung, die mich zunehmend irritierte. Und drittens ging ich nicht mehr ganz konform mit allen Punkten der Marschrichtung der Partei.

Die Suche nach Abstand müssen Sie mir bitte genauer erklären ...

Ich denke, der Politiker ist in gewisser Weise vergleichbar mit dem Lehrer, der sich Tag für Tag vor die Klasse stellt, immer auf einer Bühne und im Fokus steht. So erkläre ich mir übrigens die vielen Fälle von Burnout in Lehrerkollegien. Das Publikum kennt keine Gnade. Keine Distanz. Du bist immer für alles verantwortlich, jederzeit ansprechbar und angreifbar.

Sie möchten nicht beschimpft, sondern lieb gehabt werden ...

Nicht um jeden Preis! Ich kann übrigens Konflikte gut aushalten. Aber man muss sich doch fragen und entscheiden dürfen, wie lange man das so weitermachen möchte. Bei mir war ein vorläufiger Schlusspunkt erreicht.

Kommen wir auf den Zeitpunkt Ihres Cuts zurück. Wir sprechen vom Dezember 2014, Sie hatten keine Alternative in der Hinterhand. Was haben Sie nach Ausspruch der Kündigung als erstes gemacht?

Plätzchen gebacken! Ich konnte diese Adventszeit total genießen, mich mal wieder mit Leuten treffen, etwas für meinen Körper und meine Gesundheit tun. Ich habe zehn Kilo abgenommen und ziehe mein Sportprogramm bis heute durch. Das fühlt sich sehr gut an. Was war da noch? Reisen! Lange aufgeschobene Besuche endlich in die Tat umsetzen. Wunderbar. Entscheidend für mich: Ich bin ein sehr strukturierter Mensch und deshalb in kein Loch gefallen. Ich hatte einen festen Tagesablauf und die selbst gesetzte Frist, mir ab Ostern allmählich wieder eine Aufgabe zu suchen. Da mich Konfliktberatung und Streitschlichtung persönlich interessieren und mir offenbar auch liegen, habe ich mich im Bereich der Wirtschaftsmediation weitergebildet. Das hat mich auch persönlich ein gutes Stück weitergebracht.

Würden Sie anderen Menschen ebenfalls zu einem solchen Schritt raten, wenn es sich richtig anfühlt?

Man muss auf sein Bauchgefühl hören! Nach Einschnitten und Veränderungen geht es immer irgendwie weiter und das Leben nimmt dann oft ungeahnte positive Wendungen. Das habe ich als Kind früh erfahren müssen und das hat mich sicher auch ein Stück weit geprägt. Es liegt immer an mir selbst, was ich aus einer Situation mache. Natürlich kann ich mir keine Kurzschluss-Handlung erlauben, wenn ich mir eine Auszeit finanziell nicht leisten kann und für andere mit verantwortlich bin. Das muss mit der Familie abgesprochen werden. Soviel Vorbereitungssorgfalt muss sein. Ansonsten braucht es einerseits Selbstvertrauen und andererseits auch Selbstzweifel, die einen anspornen und letztlich Kraft geben. Man muss sich Spannungsverhältnisse bewusst machen und Unsicherheit auch mal für eine Weile aushalten.

Und dann öffnete sich für Sie tatsächlich nicht nur eine neue Tür ... Sie haben gleich mehrere Jobangebote bekommen und zum Jahresbeginn 2016 auf die Lotterie-Treuhandgesellschaft gesetzt.

Ich bin ein Netzwerker. Über verschiedene Leute und Kontakte sind Angebote gekommen. Auch welche, bei denen die ganz großen Dollarzeichen im Raum standen. Doch bei jeder Entscheidung sollte man sich wirklich kritisch fragen: Was tut mir gut? Was will ich wirklich mit meiner Lebenszeit anfangen? Lässt mir meine Aufgabe beispielsweise noch genug Zeit für meine persönlichen Bedürfnisse? Wenn ich das mit ja beantworten kann – das ist Lebensqualität.

Und die Sehnsucht nach der Politik?

Die stille ich jetzt gut und sehr gerne im ehrenamtlichen Bereich.

Udo Kröger gab seinen Posten als Merck-Finck-Vorstand auf, träumte vom Leben als Hotelier und wurde schließlich „Wiederholungstäter", als er mit 48 Jahren wieder ins Bankengeschäft einstieg. Foto: Olaf Schwickerath

GELENKT VON GROSSEM GOTTVERTRAUEN

Herr Kröger, seit April 2018 blicken Sie bei Ihrer Arbeit auf die Düsseldorfer Königsallee, den Treffpunkt der Reichen und Schönen. Welche Rolle haben Sie an diesem Ort?

Seit dem 1. Januar 2018 hat die Frankfurter Bankgesellschaft eine neue Niederlassung in Düsseldorf und ich habe die große Freude, von Düsseldorf und Frankfurt aus die Kundenbetreuung in Deutschland zu verantworten. Die Frankfurter Bankgesellschaft ist die Privatbank der Sparkassen Finanzgruppe und wir begleiten bzw. unterstützen die Sparkassen in Deutschland bei der Betreuung von vermögenden Kunden. Dies nicht nur in qualitativer Hinsicht, sondern insbesondere höchst individuell, unabhängig und transparent. Hierbei spielt Nordrhein-Westfalen eine sehr wichtige Rolle für uns, so dass wir uns in der Landeshauptstadt niedergelassen haben, um eine größere Nähe zu unseren Kunden in NRW herstellen zu können. Eine Aufgabe, die mir großen Spaß macht, da ich das Privileg habe mit überaus interessanten und erfolgreichen Persönlichkeiten zusammen zu treffen.

Was sind denn das für Persönlichkeiten?

Sie haben sich ein großes Vermögen erarbeitet, haben höchst unterschiedliche Aufgabenstellungen und wollen oder können sich nicht mit ihrem Vermögen beschäftigen. In diesem Sinne geht es mir darum, ihnen partnerschaftlich und absolut integer zu begegnen und eine gute Basis des Vertrauens zu legen, denn die meisten Menschen haben nur das Ziel vertrauen zu können und die Hoffnung, dass das Vertrauen nicht enttäuscht wird. Dabei erfahre ich natürlich viele spannende Geschichten ...

... die Sie uns sicher nicht verraten werden. Aber es geht ja auch um Ihre Geschichte. Sie haben sich nach einem beruflichen Break – weg aus dem Bankengeschäft – letztlich wieder für eine Stelle im Bankenbusiness entschieden. Was hat Sie zum „Wiederholungstäter" werden lassen?

Während meines Breaks hätten meine Frau und ich uns alles vorstellen können, insbesondere nach Südtirol auszuwandern. Ein Hotel zu gründen, was schon immer der Traum meiner Frau war. Aber wir haben nach einigen Monaten gemerkt, dass mich das Bankengeschäft doch noch viel zu stark reizt und meine Geschichte in dieser Branche einfach noch nicht zu Ende erzählt ist, weil ich diesen Beruf immer noch extrem spannend fand und finde. Es ist für mich eine wirkliche Berufung und kein Job. Vor diesem Hintergrund haben meine Frau und ich entschieden, dass das Hotel noch ein wenig warten muss, zumindest auf uns als Betreiber, denn als Besucher lieben wir schöne Hotels und deren Gastfreundschaft sehr.

Beleuchten wir Ihren Weg. Wann haben Sie Ihre Liebe zum Geld – oder besser zum Handel damit – entdeckt?

Ich stamme aus einer Bauunternehmer-Familie. Bin als jüngstes von drei Geschwistern wohl behütet aufgewachsen und mit klaren Prinzipien erzogen worden. Mein Vater hat mir neben sehr vielen anderen Dingen früh geschäftliches Denken beigebracht. Beispiel: Auf einem Bau sollten Firstpfannen zum Dach getragen werden, zehn Pfennig pro Stück wurden mir versprochen. Ich willigte freudig ein, hatte aber das Gewicht und die Zahl der Etagen unterschätzt. Am Ende hatte ich nach vielen Stunden Plackerei nur ein paar Mark zusammen. Aus solchen Situationen habe ich gelernt, in Geschäftsfragen den Verstand einzuschalten und selbstverständlich hat mein Vater den Preis pro Pfanne dann auch noch großzügig erhöht.

Wollten Sie dann nicht selbst Bauunternehmer werden?

Mein Bruder hat das elterliche Unternehmen übernommen, für mich wäre das nicht der richtige Weg gewesen, denn er war der deutlich bessere Handwerker. Für mich stand früh die Welt der Börse im Mittelpunkt und dennoch hatte ich ursprünglich einen ganz anderen Wunsch. Als Jugendlicher wollte ich unbedingt Theologie studieren, da mich der christliche Glaube nicht nur sehr geprägt, sondern auch sehr interessiert hat. Doch meine Noten und die damit einhergehenden Lehrer wollten nicht so wie ich, also bin ich nach der zehnten Klasse auf die Höhere Handelsschule gewechselt und bin dem christlichen Glauben auch ohne Studium bis heute eng verbunden. Darüber hinaus hat gutes Bankgeschäft auch etwas Missionarisches und sollte sich immer an den christlichen Grundwerten orientieren. Sie merken, ich predige gerne…

Theologie und Bankenbusiness. Das klingt für mich – abgesehen davon, dass die Kirche über Reichtümer verfügt – sehr weit voneinander entfernt, wenn nicht gar konträr. Waren und sind denn Ihre beruflichen Entscheidungen immer mit den Prinzipien des christlichen Glaubens vereinbar?

Leider hat der Berufsstand wegen der Auswüchse im Rahmen der Finanzkrise sehr gelitten und umso deutlicher muss es gelingen, ihn wieder auf Ehre und Anstand zu fokussieren. In diesem Sinne war und ist es für mich immer von besonderer Wichtigkeit gewesen, dass meine Entscheidungen mit den Prinzipien des christlichen Glaubens nicht nur vereinbar sind, sondern aus einem inneren Verständnis daraus getroffen werden. Vor diesem Hintergrund dürfen Werte wie Bodenständigkeit, Anstand, Integrität, Glaubwürdigkeit, Wertschätzung und menschlich nah zu agieren nicht nur Worthülsen sein, sondern sie müssen das eigene Handeln bestimmen. Nichts Abgehobenes und Altmodisches, sondern herrlich aktuell. Man muss sagen können, was man denkt und denken, was man sagt. Danach richte ich mich aus. Wahrhaftig und glaubwürdig. Das bin ich meinen Mitmenschen, Kunden und mir selbst schuldig. Und immer wenn ich bisher in meinem Leben das Gefühl hatte, aus den unterschiedlichsten Gründen nicht mehr in dieser Balance zu sein, dann habe ich die Konsequenzen gezogen.

Beleuchten wir Ihre beruflichen Stationen doch einmal genauer. Sie haben nach der Höheren Handelsschule bei der Dresdner Bank angefangen ...

Das war der 1. Juni 1989. Der beste Tag in meinem Leben, denn da habe ich meine Frau kennengelernt! Sie gehörte auch zu den neuen Azubis, hat das Geschäft ebenfalls von der Pike auf gelernt, und ist mir bis heute nicht nur eine liebende Ehefrau, sondern eine Partnerin, die mir in allen Lebenslagen mit Rat und Tat zur Seite steht und der wichtigste Grund für meinen Erfolg ist.

Sie sind fast 20 Jahre bei der Dresdner Bank geblieben, zumeist im Privatkundengeschäft, und haben unterschiedliche Führungsaufgaben wahrgenommen.

Die Dresdner Bank war eine sehr gute Bank und ich bin sehr dankbar für diese Zeit und habe dort unendlich viel gelernt. Doch dann kam ein Punkt, an dem ich meiner inneren Stimme folgend etwas anderes machen musste. Genau genommen war das bei einer Runde Golf mit einem sehr guten Kollegen. Im Gespräch habe ich gemerkt, dass ich mehr gestalten und bewegen wollte, als es mir damals möglich war.

Sie sind dann aus einem Haus mit 40.000 Mitarbeitern zu einem Haus mit 500 Mitarbeitern gewechselt und haben Merck Finck in Essen mit aufgebaut. Ein schneller Aufstieg bescherte Ihnen 2014 die Verantwortung über den Komplettvertrieb, ein Jahr später wurden Sie persönlich haftender Gesellschafter, dann Vorstand.

Ich war mit Leib und Seele bei diesem Bankhaus, die Arbeit war mir eine Herzensangelegenheit. Dann kam ein Rechtsformwechsel, damit einhergehend ein Strategiewechsel. Neue Rahmenbedingungen, neue Köpfe – letztlich bin ich für alles dankbar, was solche Key-Momente in meinem Leben ausgelöst und mich in diesem Fall dazu gebracht hat, die Kündigung auszusprechen.

Ohne Angebote in der Hinterhand?

Ja. Ich habe gemerkt: Da ist wieder so eine Weggabelung erreicht und ich muss abbiegen. Da bin ich kein Zweifler. Ich muss es auch nicht allen recht machen. Nur meinen Liebsten und mir selbst, denn ich kann und würde meinen Lebensunterhalt auch durchaus anders gestalten können, denn ich habe auch zu anderen Aufgaben und Berufen keine Berührungsängste, solange ich mich nicht verbiegen muss. Wie schon gesagt sind Hotellerie und Gastronomie auch wunderbare Berufe mit vielfältigen Aufgaben.

Aber Sie sind nicht in diese Branche gegangen, sondern haben eine Auszeit genommen.

Man will ja seinem Arbeitgeber keinesfalls Schaden zufügen und muss natürlich auch entsprechende Klauseln erfüllen. So bin ich mit meiner Frau erst mal viel gereist, wir haben viele schöne Dinge gemacht, wir tanzen und wandern gerne, lernen Italienisch, treffen gerne Freunde und lieben gutes Essen. Und ich habe in der Zeit sämtliche Coaches und Personalberater abgewimmelt, die in so einem Fall sehr schnell zur Stelle sind.

Wie hat denn der Freundeskreis reagiert?

Zumindest von Angesicht zu Angesicht habe ich sehr viel Zustimmung und Respekt für mein Handeln erfahren. Nun habe ich auch aus der luxuriösen Situation heraus gekündigt, mir die auferlegte Auszeit auch finanziell leisten zu können. Meine Frau war in der Zeit eine gute Ratgeberin, wir bewegen uns auf einer sehr liebevollen und fast symbiotischen Ebene. Über einen Kontakt bin ich dann nach Monaten auf die Frankfurter Bankgesellschaft gekommen und finde hier Prinzipien vor, die mit meinen deckungsgleich sind. Es geht um Menschlichkeit, Qualität, Transparenz. Das kommt mir alles sehr entgegen. Wissen Sie, Menschen wenden sich immer wieder Menschen zu. Damit kann ich gut leben und arbeiten. Alles im festen Glauben: Gott wird's schon richten!

zialarbeiter war passé, der Galerist geboren. Ich wollte Künstler fördern und selbst ein wenig profitieren.

Doch dabei ist der Wolf in Ihnen erwacht, gierig und geprägt von seinem Jagdinstinkt ...

... und parallel hat eine Verrohung der Gesellschaft stattgefunden, in der ich mich bewegt habe. Korruption, Bestechung, Vorteilsnahme haben immer mehr Gewicht bekommen und Einzug in mein Leben gehalten. Zuerst war ich einfach nur sprachlos, dass beispielsweise ein 80.000 Euro-Bild plötzlich vier Millionen Euro wert sein konnte. Doch dann hat es mich verhext. Und ich habe mitgespielt. Habe meinen wunderbaren schwarzen Citroën Kombi gegen einen repräsentativen Bugatti eingetauscht. Ich bin auf das Spekulative, auf immer mehr Statussymbole und vermeintliche Wertschätzung reingefallen. Wenn man da nicht ganz charakterstark ist, hat man verloren. Zum Schluss wollte ich nur noch immer beliebter werden und war vom Erfolgswahn getrieben.

Für die Vollbremsung hat ja dann die Justiz gesorgt. Glauben Sie, dass es auch ohne die Verhaftung zu einem Karriere-Cut – etwa durch eine Art Läuterung – in Ihrem Leben gekommen wäre?

Eine gute Frage. Ich habe mich damals oft schlecht gefühlt, getrieben und mir selbst fremd. Ich habe mir manches Mal gewünscht, aus dieser Zirkusnummer irgendwie rauszukommen. Ich weiß nicht, ob ich den Stecker selbst gezogen hätte. Aber ich bin jetzt gewissermaßen dankbar dafür, wie alles gekommen ist. Es war letztendlich eine unglaubliche Erfahrung und hat mich total geerdet. Es ist gut, dass ich quasi mal richtig auf die Fresse gekriegt habe.

Wie hat sich diese offizielle Ächtung auf Ihre Familie und Freunde ausgewirkt?

Ich war dreimal verheiratet, habe fünf Söhne und drei Töchter. Die berufliche Betrugsgeschichte hat meine letzte Ehe zerstört. Die Kinder taumelten zunächst, doch heute habe ich zum Glück zu fast allen wieder ein sehr inniges und vertrauensvolles Verhältnis. Wofür ich nicht dankbar genug sein kann: Meine neue Partnerin erfüllt mich mit Glück, sie liebt mich um meiner selbst willen.

Was die Freunde angeht: Die Lutscher sind weg! Und das ist gut so. In solch einer polarisierenden Situation trennt sich die Spreu vom Weizen. Etwa 20 tolle Persönlichkeiten sind übrig geblieben, die zu mir stehen und mich als Mensch Achenbach begleiten. Und es werden mehr ...

Man findet Sie auf einer Hofanlage in Kaarst, dem Sitz des Vereins „Kultur ohne Grenzen". Hier engagieren Sie sich für Geflüchtete ...

Ich bin hier auf dem Hof glücklich – und übrigens auch in der kleinen Dachbutze, die mir mein Freund Günter Wallraff in Köln als Wohnung zur Verfügung stellt. Schauen Sie sich nur um: Es ist alles da! Wir brauchen hier auch gar nicht viel, Bauern aus der Nachbarschaft stellen uns einfach so Gemüsekisten und Kartoffeln vor die Tür. Alle Einrichtungsgegenstände hier im Haupthaus sind Geschenke, vom Möbelstück über die Lampe bis zur Kaffeemaschine. Die Hofanlage selbst hat sieben Jahre leer gestanden, sie ist jetzt soweit hergerichtet, dass mehrere Künstlerinnen und Künstler parallel darin arbeiten können. Flucht ist ihr Thema. Hier kommen sie zur Ruhe. Wir bauen die Scheunen in Eigenleistung zu Ateliers aus. Wir sind umgeben von Landschaft und Kunst. Als nächstes wollen wir ein paar Schafe anschaffen.

Da spricht der Sozialarbeiter Achenbach. Ihren Kunstsachverstand haben Sie allerdings nicht im Gefängnis zurückgelassen. Wie schätzen Sie die Gefahr ein, wieder in alte Muster zu verfallen, wenn sich mal ein besonderes Talent unter den Gästen befindet?

Diese Gefahr existiert nicht. Man darf sich von den alten Strukturen nicht bezirzen lassen. Ich werde nicht mehr operativ in den Kunsthandel einsteigen. Ich habe heute eine andere Ehrfurcht vor der Macht des Geldes und ich habe gelernt, „nein" zu sagen. Meinen Sachverstand setze ich lieber hier auf dem Hof ein und knüpfe uneigennützig Netze für Künstler, die Unterstützung brauchen.

Sie malen ja neuerdings auch selbst. Ausdrucksstarke, farbintensive, abstrahierte Landschaften …

Diese Motive erzählen von früheren Reisen oder Sehnsüchten. In der U-Haft in der JVA Essen durfte ich 2014 am Workshop „Malen und Zeichnen" teilnehmen. Anne Berlitt, Meisterschülerin der Kunstakademie Düsseldorf, war meine Lehrerin. Und in aller Bescheidenheit muss ich sagen, ich male gar nicht so schlecht und versuche ständig, noch besser zu werden.

Verkaufen Sie Ihre Werke?

Sie finden Anklang und werden tatsächlich verkauft, aber ich stelle die Erlöse der Flüchtlingsarbeit zur Verfügung. Selbst möchte ich damit kein Geld verdienen. Das gilt für unseren gesamten Vorstand und Beirat. Freunde aus Wirtschaft, Kirche, Sozialarbeit, Kunst, Museum – bis zu Mitstreitern vom Goethe-Institut und von Amnesty International. Allen geht es um die Idee, Kunstschaffenden einen friedlichen Ort zur Verfügung zu stellen, an dem sie temporär arbeiten und sich etwas aufbauen können. Der Ort soll hier sein. Dafür setze ich mich mit meiner Kraft und meinem Wissen und meinen Verbindungen ein. Wir glauben an diesen Standort, planen Feste und Ausstellungen, Workshops und Schulprojekte. Wir suchen die internationale Zusammenarbeit. Und ich persönlich möchte damit vielleicht auch Wiedergutmachung leisten.

Hat der radikale Einschnitt in Ihr Leben Sie zu besonderen Einsichten geführt?

Ja. Liebe ist wichtig. Menschen, auf die man sich verlassen kann, sind wichtig. Man darf sich nicht von materiellem Wahnsinn treiben lassen. Wir stehen in der unbedingten Verantwortung, unseren Kindern Integrität beizubringen. Ihnen eine gute Ausbildung zu ermöglichen und Geborgenheit zu geben. Wenn man einen Fehler macht, ist es wichtig, diesen einzusehen und sich zu entschuldigen. Wir müssen auch verzeihen lernen. Da tun sich die Deutschen schwer. Vordergründig vergeben sie, aber der reuige Sünder soll trotzdem in der Ecke stehen bleiben.

Silke Becker, Jahrgang 1963. Von der Schulbank weg in Spitzenpositionen der Personalentwicklung aufgestiegen bis 2016. Nun Yogalehrerin mit besonderer Ausrichtung auf Trauma-Therapie. Foto: Stefan Haver

FUNKTIONSMODUS
ABGESTELLT

Frau Becker, Sie möchten künftig Trauma-Therapie in Verbindung mit Yoga anbieten. Was darf man darunter verstehen und wem möchten Sie damit helfen?

Sehr viele Menschen tragen ein Trauma in sich. Dabei meine ich nicht nur spezielle Schock-Traumata, wie etwa nach einem Verbrechen oder Verkehrsunfall. Mein Augenmerk gilt insbesondere den Bindungstraumata, also den Verletzungen, die man aus der frühen Kindheit in sich trägt, wenn die innigste Bezugsperson – in den meisten Fällen die Mutter – sich nicht richtig kümmern und auf das Kind eingehen konnte. Das kann beispielsweise geschehen, wenn sie selbst ein Trauma mit sich getragen hat. Dieser Schatten manifestiert sich in Seele und Körper. Sehr viele Menschen schultern eine solche Last – bewusst oder unbewusst – ein Leben lang. Yoga ist einer der Wege, der innere Blockaden in Kombination mit anderen Verfahren lösen kann, das ist evaluiert und durch Erfahrung nachweisbar; diese Form ist in den USA anerkannt und wird vielfach praktiziert, ist bei uns aber noch wenig verbreitet.

Was fasziniert Sie daran?

Ich habe den tiefen Wunsch in mir, traumatisierten Menschen zu helfen. Der Sport kommt mir entgegen, ich habe mein Leben lang immer viel Wert darauf gelegt und bin speziell mit Yoga – ausübend und unterrichtend – total glücklich. Es geht mir im Leben dabei längst nicht mehr um finanzielle Gewinnmaximierung. Natürlich verlange ich ein Honorar für meine Leistung, die ich anerkannt wissen will. Vor allem aber möchte ich etwas Sinnvolles tun.

War Ihr Berufsleben denn nicht sinnvoll?

Doch natürlich. Aus damaliger Sicht betrachtet. Ich habe in meinem Leben schon sehr früh viel Verantwortung getragen. Als klassische Karrierefrau habe ich Höchstleitung gebracht. Effizient, schnell, vernetzt. Die Arbeit brachte Euphorie, Stolz, Bestätigung. Das fand ich als junge Frau sehr sinnvoll – dass das immer so gut war, bezweifle ich heute stark.

Bitte konkreter: Welche Stationen haben Sie denn nach der Schule durchlaufen?

Nach dem Abitur habe ich meine Ausbildung zur Handelsassistentin bei Karstadt begonnen und hatte die Chance, innerhalb kürzester Zeit – bereits mit 21 Jahren – zur Abteilungsleiterin aufzusteigen. Eigentlich wollte ich damals noch BWL studieren – aber der schnelle Aufstieg auf der Karriereleiter war verlockend und ich bin dort hängen geblieben. Bei einem sehr guten Arbeitgeber, wohlgemerkt. Ich musste mich durchbeißen, mir Respekt verschaffen, das gelang und die gesellschaftliche Anerkennung war hoch. Der weitere Weg in Stichpunkten: Verkauf, Einkauf, Personalentwicklung, Stationen Kassel, Köln, Dortmund, dann Leitung der Aus- und Weiterbildung, Hauptverwaltung, Führungskräfte- und Organisationsentwicklung … Das Haus war damals kerngesund und sehr gut aufgestellt.

Seit Sie von Ihrem damaligen Berufsleben erzählen, wird Ihre Stimme nüchtern und Sie sprechen viel schneller …

Das Tempo war damals sehr hoch und absolute Flexibilität wurde erwartet. Die Aufgaben haben mich einerseits sehr gereizt. Ich habe es vor allem geliebt, mit Menschen zu arbeiten, 360-Grad-Feedbacks zu begleiten, die Leute zu coachen, Seminare zu konzipieren und zu moderieren, das Potenzial der nachwachsenden Führungskräfte zu erkennen und sie entsprechend zu fördern. Ich habe Leute bis ins oberste Management beraten und beispielsweise im Changemanagement begleitet.

Klingt eigentlich nach einer spannenden und erfüllenden Zeit …

Ja, aber das Privatleben hat stark darunter gelitten. Was mir damals nicht bewusst war! 1997 ist unser Sohn geboren. Ein Jahr bin ich zu Hause geblieben, dann wieder in den Beruf zurückgegangen. Mein Herz zieht sich zusammen, wenn ich daran zurückdenke, wie ich ihn manchmal morgens aus dem Bett holen musste, um ihn schnell ins Auto zu verfrachten und dann bei der Tagesmutter abzugeben. Damals dachte ich, ich hätte keine Wahl und das müsste so sein. Heute tut es mir unendlich leid, die Prioritäten so gesetzt zu haben. Das würde ich heute definitiv anders machen. Aber die Jahre lassen sich nicht zurückdrehen. Ich habe immer funktioniert, meiner inneren Stimme kein Gehör geschenkt, wollte es allen recht machen. So wie das viele berufstätige Frauen erleben. Sie rotieren ständig, managen die Arbeit, die Familie, den Haushalt. Da ist man schnell in einem

Rädchen drin, läuft und läuft und kommt auf dem Weg zu einem erfüllten Leben doch nicht von der Stelle ... was man klassischerweise im Alter zwischen 40 und 50 erkennt.

Sie haben 2006 eine erste Veränderung vorgenommen.

Ich habe zunächst den Arbeitgeber gewechselt, habe mich sehr schwer damit getan. Aber ich wusste, wenn ich jetzt nicht den Absprung schaffe, werde ich ewig bei Karstadt sein. Das wollte ich nicht, ich dachte, eine neue Herausforderung sei gut. Als die WM nach Deutschland kam war ich für unsere Sporthäuser tätig, wir hatten die Lizenz für die offiziellen Fifa-Shops und haben mit einer australischen Agentur zusammengearbeitet. Die haben mich abgeworben. Ein tolles Jahr. Ich habe die Verhandlungen mit den Städten geführt, dabei ging es um die Verkaufsstände u. a. in den Stadien und die Airport-Stores, Mitarbeiterorganisation u. v. m.; es war klar, dass diese Anstellung zeitlich begrenzt sein würde. Eine Rückkehr zu Karstadt wäre wahrscheinlich sogar möglich gewesen. Aber das wollte ich nicht, das wäre mir wie eine Niederlage vorgekommen. Also habe ich drei Jahre freiberuflich als Personalberaterin gearbeitet, um dann bei einem expandierenden Elektrodienstleister Personalchefin zu werden. Das Gehalt war sehr gut. Aber das Klima und der Umgangston gefielen mir nicht mehr. Ich wollte mich auf den intensiven Kontakt mit Menschen konzentrieren, auf deren Persönlichkeit, Sehnsüchte, Wünsche. Auf etwas, das mir wirklich Freude macht. Ich habe immer mein eigenes Geld verdient und eine Reserve angelegt, die mir diesen Umstieg möglich macht. Keine Reichtümer. Aber zur Überbrückung reicht es. Und mein Mann steht bei dieser Entscheidung hundertprozentig hinter mir. Dafür bin ich sehr dankbar.

Wie hat ansonsten Ihr Umfeld reagiert?

Gespalten. Einige haben mir gratuliert und mich ermutigt, weil sie an mich glauben und finden, dass es gut zu mir passt, beratend und therapeutisch zu arbeiten. Andere haben mich gefragt, wie ich bloß so einen tollen Job aufgeben könne. Der Statusverlust hat mich zunächst verunsichert, ich habe ausweichend auf Fragen nach meiner aktuellen und zukünftigen beruflichen Situation geantwortet. Wenn jetzt jemand wissen will, was ich gerade mache, antworte ich selbstbewusst „Nichts!" Was natürlich nicht stimmt. Ich bereite mich vor. Und ich weiß, dass ich gut sein werde in meiner neuen Tätigkeit. Die therapeutische Arbeit hat es in sich, das ist nicht einfach. Aber ich kann das. Und kann zugleich bewusst intensiver leben.

Wie geht es denn jetzt konkret weiter?

Ausgebildete Yogalehrerin bin ich schon – und unterrichte einige Gruppen beispielsweise in Praxisräumen von Physiotherapeuten. Ich suche aktuell schöne Geschäftsräume für mich, in denen ich meine eigenen Kurse und später auch die Trauma-Therapie anbieten kann. Dazu muss ich allerdings noch ein dreiviertel Jahr intensiv lernen und stehe für entsprechende Kurse auf der Warteliste. Ich habe gründlich recherchiert und in Berlin bzw. den USA die richtigen Lehrer für eine wissenschaftlich fundierte und seriöse Ausbildung gefunden, die mit vielen Tests und Prüfungen sehr intensiv und anspruchsvoll sein wird. Das scheue ich nicht – ich freue mich darauf. Und das tut Körper und Seele gut.

Rüdiger Striemer, Jahrgang 1968, ist erfolgreicher Manager in der IT-Branche. Ein Burnout führte ihn 2011 in die Psychiatrie – und wieder zurück ins Leben und in eine selbstbestimmtere Berufswelt. Foto: privat

EINE WAHNSINNSGESCHICHTE

Herr Striemer, wie sieht für Sie ein gelungenes Wochenende aus?

Planlos. Die Wochenenden, an denen ich freitags abends keine Idee habe, was ich wohl machen werde, sind mit hoher Zuverlässigkeit die allerbesten.

Wie hätten Sie vor zehn Jahren auf genau dieselbe Frage geantwortet?

Da hätte ich Ihnen vermutlich mein Programm vorgelesen: Freunde treffen, Sport machen, ein Ausflug ins Grüne, Sonntagabend für die Nachbarn kochen.

Klingt nicht schlecht ...

Schlecht daran war auch nur, dass es eben ein Programm war, genauso geplant und durchgetaktet wie meine Woche.

„Zeit ohne Plan für Flow" ist wichtig für Sie geworden. Glauben Sie, dass Sie auch ohne Burnout an diesen Punkt gelangt wären?

Um ehrlich zu sein: Nein. Ich hätte genauso weiter gemacht wie bis dahin. Das muss ja auch nicht schlecht sein. Viele kommen damit sehr gut klar.

Skizzieren wir Ihren Werdegang. Sie waren ein durchschnittlicher Schüler, haben dann als gebürtiger Bochumer das Studium der Wirtschafts- und Sozialwissenschaften in Dortmund mit gutem Examen abgeschlossen, danach an der TU Berlin in Informatik promoviert. Bei der adesso AG führte Ihre Bilderbuchkarriere geradewegs in die Chefetage. Sie haben immer abgeliefert, waren belastbar, kreativ, entscheidungsfreudig. Wann haben Sie gemerkt, dass Ihr Motor stottert?

Das war im Sommer 2011. Plötzlich hatte ich häufig Schwindelanfälle, konnte mich nicht mehr konzentrieren und mein Kopf fühlte sich an wie in einer Schraubzwinge.

Wie sind Sie mit diesen Beobachtungen umgegangen? Haben Sie die Symptome gleich Ernst genommen?

Naja, „gleich" natürlich nicht. Man geht ja nicht mit jeder Körperbeobachtung gleich zum Arzt. Aber nachdem die Symptome sich über einige Wochen stetig verstärkt haben und eine andauernde Unruhe dazu kam und ich immer weniger Kontrolle über mich hatte, konnte ich das nicht mehr ignorieren.

Als Sie merkten, dass Sie sich nicht mehr auf sich selbst verlassen können, vermuteten Sie körperliche Ursachen und gingen zum Arzt. Welche Erfahrungen haben Sie da gemacht?

Ich hatte (und habe) eine wirklich gute Hausärztin, die in der Situation das gemacht hat, was man eben macht: Sie hat nacheinander sämtliche körperlichen Ursachen ausgeschlossen. Das war für mich natürlich insofern frustrierend, als dass nichts gefunden wurde. Es gab diesen Moment im MRT, wo ich gleichzeitig gehofft habe, dass ich keinen Hirntumor habe und dass trotzdem irgendwas Auffälliges in meinem Kopf gefunden wird. Einfach, damit endlich Schluss ist mit der Sucherei und man mich behandeln kann. Am Ende gab es keinerlei körperlichen Befund und man riet mir dringend zu Ruhe und Entspannung.

Eine Auszeit also. Ein Wochenende? Ein paar Tage? Die Zeitspanne konnten Sie zunächst nicht abschätzen. Dann war das zunächst Unvorstellbare klar, nämlich dass es ein Klinikaufenthalt über mehrere Wochen werden würde. Konnten Sie das im Freundes- und Bekanntenkreis und bei der Arbeit offen kommunizieren? Und wie waren die Reaktionen?

Im Freundeskreis war das überhaupt kein Problem, diese Leute mögen und schätzen mich ja. Meine Schwester ist sowieso immer an meiner Seite und meine Freunde haben sich Sorgen gemacht, klar. Aber gerade deshalb fanden sie es gut, dass ich in die Klinik gegangen bin und haben mich später dort besucht. Bei der Arbeit war das auch nicht anders. Jeder hatte verstanden, dass man an den verschiedensten Krankheiten leiden kann und dafür eben die verschiedensten Kliniken zuständig sind. Mir ist vollkommen klar, dass das nicht der Normalfall ist. Aber dann ist eben der Normalfall krank.

In Ihrem Buch „Raus! Mein Weg von der Chefetage in die Psychiatrie und zurück" beschreiben Sie klar, kurzweilig und für die Leserschaft sogar in vielen Abschnitten amüsant Ihren Aufent-

halt in der „Klapse". Ist das Ihr Grundhumor oder hat sich dieser in der Therapie entwickelt?

Das ist mein Grundhumor, der auf dem Klinikgelände einen fruchtbaren Boden gefunden hat. Meine Mitpatienten und ich waren ja alle in dieselbe Situation geworfen worden und hatten zwar ganz unterschiedliche Lebensläufe, aber das gleiche Problem. Das schweißt zusammen und führt zu einer gewissen Leichtigkeit im Umgang mit der Situation.

Ihre Schilderungen stecken voller Selbstironie – einer guten Begleiterin hinaus aus der Krise?

Ironie schafft Distanz. Selbstironie schafft Distanz zu sich selbst. Das ist eine gute Basis für die Psychotherapie; man sieht sich selbst quasi von außen und versteht nach und nach, wie man tickt. Insofern, ja – eine gute Begleiterin. Entscheidend ist aber eben die Therapie und damit die Therapeutin bzw. der Therapeut.

Ihre anfängliche Skepsis gegenüber diesem Berufsstand haben Sie schnell abgelegt und sich helfen lassen. Inwiefern hat auch das Schreiben des Buches zu Ihrem Heilungsprozess beigetragen?

Anders als Sie wahrscheinlich vermuten. Das erneute Befassen mit meiner Vergangenheit war weniger wichtig als man denken würde. Meine Probleme hatte ich in der Therapie ziemlich gut aufgearbeitet. „Heilsam" am Schreiben einige Jahre später war viel eher das Schreiben an sich. Ich habe – ganz simpel – festgestellt, dass ich gerne schreibe.

Sie erzählen Ihre persönliche Geschichte sehr offen. Ihre Therapie-Reise ins „Ich" führte zu einem Schlüsselerlebnis, dem frühen Tod ihrer Mutter. Daraus hatten Sie Verhaltensmuster entwickelt, die letztlich zu Ihrem Zusammenbruch führten. Wie schaffen Sie es heute, nicht wieder in diese Muster zu verfallen?

Indem ich diese Muster kenne. Wenn Sie ein paarmal auf einer Bananenschale ausgerutscht sind, werden Sie Bananenschalen auf dem Bürgersteig vermutlich ziemlich schnell erkennen.

Wie schauen Sie heute mit Abstand auf das Burnout-Jahr 2015 zurück?

Ohne besonderen Anlass gar nicht, und mit Anlass sehr differenziert. Der Großteil des Jahres war vereinfacht gesagt Scheiße, weil ich an den Rand meines Lebenswillens kam. Das Ende des Jahres war immerhin von einer leisen Hoffnung geprägt, das alles überwinden zu können.

Sie haben sich selbst bewiesen, dass Sie das Leben wieder im Griff haben und auch bei der Arbeit wieder Vollgas geben können. Wie hat sich das auf Ihr Selbstvertrauen ausgewirkt?

Eine Angststörung (und das war ja mein „Burnout") entwickelt sich langsam – und geht leider genauso langsam wieder zurück. Bevor ich also wieder „Vollgas geben" konnte, gingen einige Monate ins Land. Danach fühlte sich zunächst alles genauso wie vorher an, was sehr ermutigend war. Mein Selbstvertrauen war in gewisser Weise also wiederhergestellt.

Aus dieser starken Position heraus haben Sie sich allerdings dann gefragt, ob Sie das Tempo im Job halten wollen. Und sind zu einem „Nein" gelangt...

Das ist korrekt. Dabei ging es aber eigentlich nicht um Tempo, sondern um den Inhalt. Ich habe mich Folgendes gefragt: Deine Position hat sich in den letzten Jahren entwickelt. Du hast dich in den letzten Jahren auch entwickelt. Passt ihr beide noch genauso gut zusammen wie früher? Die Antwort war nein.

Daraufhin suchten Sie das Gespräch mit dem Arbeitgeber – durchaus in der Erwartung, dass dies in letzter Konsequenz das Ende Ihres Beschäftigungsverhältnisses bedeuten könnte. Aber es kam anders …

… weil mein Chef mich nicht verlieren wollte. Mein Beitrag zur Unternehmensentwicklung war klar. Und ich hatte ja keine goldenen Löffel gestohlen oder sonstiges Unheil angerichtet. Ich hatte einfach nur eine Angststörung. Das hat der verstanden und akzeptiert.

Was haben Sie denn einvernehmlich mit dem Chef des Aufsichtsrates geändert?

Mein Verantwortungsbereich bezieht sich heute – anders als in der vorhergehenden Vorstandsposition – nicht mehr auf das gesamte Unternehmen. Ich bin immer noch für rund 500 Mitarbeiterinnen und Mitarbeiter und ein stattliches Umsatzvolumen verantwortlich. Aber all dies in einem klar definierten Aufgabenbereich, in dem ich mich gut auskenne. Hier kann ich Entscheidungen treffen, die fundiert sind und nicht auf einem abstrakten Teilwissen basieren, wie es früher aufgrund der Fülle und Bandbreite der Problemstellungen immer häufiger der Fall war. Damit hatte ich mich nicht mehr wohlgefühlt. Jetzt passt meine Aufgabe zu mir.

Sie haben großes Glück gehabt. Viele Arbeitgeber tun sich schwerer, auf die Bedürfnisse ihrer Führungskräfte einzugehen. Tabu? Vakuum? Sehen Sie da Handlungsbedarf?

Ich war in einer Talkshow zu Gast, in der es um Tabus ging und ich habe mich 90 Minuten lang gefragt, was ich da soll. Seit wann bricht man ein Tabu, wenn man sagt: Hey, ich bin krank? Weil es eine psychische Krankheit ist? Scheinbar ja. Wenn es also Handlungsbedarf gibt, dann in der Aufklärung. Dass erwachsene und gebildete Menschen ein solches Thema behandeln, als würden sie über Teufelsaustreibung reden, kommt mir bestenfalls mittelalterlich vor.

Wie passen Sie heute auf sich auf?

Dank meiner Geschichte habe ich gute Antennen entwickelt. Sobald ich merke, dass etwas zu viel wird, sage ich lieber Termine ab und gehe eine Runde durch den Wald. Um Berlin herum gibt es zum Glück viele Seen und viel Natur.

Und werden Sie noch auf Ihren Burnout angesprochen?

In der Tat wenden sich Menschen vertraulich an mich mit Worten wie „ich entdecke Anzeichen an mir, die kommen mir bekannt vor aus deiner Geschichte". Gerne nehme ich mir dann die Zeit und höre zu. Es ist gut, wenn man Ratsuchenden an einem frühen Punkt die Zuversicht geben kann, dass diese Symptome mit professioneller therapeutischer Hilfe wieder weggehen.

Cay Urbanek kommt aus der klassischen Beraterbranche und ist heute Geschäftsführer am Volkstheater Wien. Foto: lupispuma

VON MCKINSEY ZU MACBETH

Mit welcher klassischen Bühnenfigur können Sie sich identifizieren, Herr Urbanek?

Ich sehe mich in der Rolle des Truffaldino in „Diener zweier Herren" von Carlo Goldoni. Einmal diene ich dem Kaufmännischen, einmal der Kunst. Dabei muss ich erfinderisch und wendig sein. Am Ende führe ich glücklich beides zusammen. Ganz wie im Stück…

Sie sind seit 2011 Theatermann – aber nicht auf der Bühne, sondern hinter den Kulissen. Als kaufmännischer Geschäftsführer managen Sie das Wiener Volkstheater. Ist Ihr Alltag eher Drama oder mehr Komödie?

Beides kommt vor! Natürlich gibt es eine strikte Trennung zwischen der künstlerischen und der wirtschaftlichen Leitung. Das sehe ich ganz klar. Ich schaue mir jede Premiere und manches Stück auch mehrmals an. Aber ich würde der künstlerischen Leiterin niemals in ihre Arbeit hineinreden. Ich konzentriere mich darauf, wie unser Haus – das ja einer Stiftung gehört – wirtschaftlich aufgestellt ist. Gegenüber der Republik Österreich und der Stadt Wien muss und möchte ich immer wieder darlegen warum es uns gibt, warum wir Fördermittel verdient haben und wofür wir diese ausgeben. Alles muss immer erklärbar und bezahlbar bleiben. Da bin ich mir der hohen Verantwortung beim Ausgeben öffentlicher Gelder sehr bewusst. Insofern habe ich auch ein stark politisches Amt.

Sie kommen eigentlich aus der klassischen Business- und Beraterwelt, haben nach dem Magister an der Wirtschaftsuniversität Wien zunächst als Berater bei McKinsey & Company gearbeitet …

… eine spannende Zeit. Aber in Stabsstellen arbeitet man häufig im Konjunktiv: Man erstellt Papiere, welche Maßnahmen ein Betrieb ergreifen könnte, welche Auswirkungen das hätte usw. Man kommt fast nie über eine Pilotplanung von Maßnahmen hinaus. Das ist sehr abstrakt.

Das änderte sich auch wenig bei Ihrer Arbeit für die Deutsche Bank, die Holtzbrinck Gruppe und schließlich den ORF. Wie hat Ihre Umwelt reagiert, als Sie schließlich dort gekündigt haben?

Der ORF hat eine enorme Strahlkraft, ist eine starke Marke. Ich war dort in reizvoller und verantwortlicher Position und habe mit meinem Schritt raus aus dem ORF bei vielen Leuten Unverständnis und Kopfschütteln hervorgerufen.

Einen sicheren Posten beim öffentlichen Rundfunk gibt man ja auch nicht leichtfertig auf. War die Sehnsucht nach konkretem Handeln so groß?

An der Schnittstelle zur Politik wirtschaftlich zu handeln, das macht für mich den Reiz an meiner Arbeit aus. Und diese Tätigkeit kann ich in einem kleineren Haus unabhängiger steuern, ich kann mehr selbstständig entscheiden. Ja, diese Unmittelbarkeit hat mich gereizt. Unser Historismus-Gebäude und sein Innenleben ist im Grunde ein mittelständisches Unternehmen. Ich kenne alle unsere 250 Mitarbeiter, einige ihrer Lebensgeschichten sind mir vertraut. Es sind viele Handwerker dabei: Schreiner, Schlosser, Maskenbildner, Schauspieler ... so ein Haus zu modernisieren und in die Zukunft zu führen, das ist hoch spannend. Hier kann ich mich direkt und mit Herzblut einbringen.

Orientieren Sie sich dabei eher an Raimund („Der Verschwender") oder an Molière („Der Geizige")?

Eher an Urbanek! Ich stehe vor einer chronischen Herausforderung: Die Steigerungen der Fördermittel decken die Inflation nicht ab. Also müssen wir ständig effizienter werden. Das habe ich die letzten acht Jahr gemacht. Dazu gehörten auch schmerzende Maßnahmen wie die Schließung der Dekorationswerkstätten. Es ist schwer, wenn man betriebliche Kündigungen aussprechen muss. Aber anders geht es nicht. Wir müssen Aufgaben fremd vergeben, in unserer Planung immer genauer werden, in einzelnen Arbeitsbildern neue Schwerpunkte setzen. Personalpläne erstellen, Budgets kalkulieren, Honorare vereinbaren – in vielen Punkten ist das Theater vergleichbar mit einem konventionellen Wirtschaftsbetrieb. Wir müssen auch investieren. So haben wir 2015 eine Tribüne eingebaut und die Bestuhlung im Rang ausgetauscht. Weniger Sitzplätze – bessere Sicht und Akustik. Das Volkstheater ist mit 850 Plätzen die zweitgrößte Sprechbühne Wiens und eine der größten im deutschsprachigen Raum.

Und ist es nun besser, die Konsequenz allen Handelns unmittelbar zu spüren?

Auf jeden Fall. Wenn ich mich heute mit Ex-Kollegen unterhalte, dann beschreiben sie mir Phänomene, die mich damals schon gestört haben. Dass beispielsweise in großen Unternehmen Menschen wie Figuren auf dem Schachbrett verschoben werden, weil gerade wieder eine neue Vision umgesetzt werden muss. Aber unten ändert sich gar nichts oder es wird schlechter. Mich aber fasziniert die Herausforderung, dass ich mit meinen Entscheidungen auch das letzte Glied in der Kette der Arbeitsabläufe in unserem Haus erreiche. Bei manchen Entscheidungen muss man auch risikobereit sein und hoffen, dass alles so klappt, wie man es sich vorstellt. Und die Sache ausbügeln, wenn es nicht rund läuft.

Wie sind Sie überhaupt ans Volkstheater gekommen?

Ich bin von einem Stiftungsvorstand angesprochen worden. Wir haben uns im Café Landtmann zusammengesetzt. Dann habe ich selbstbewusst eine Bewerbung geschrieben, die Stelle war ja öffentlich ausgeschrieben. Zu dem Zeitpunkt war ich 39 und habe das vorher gut mit meiner Frau besprochen. Wir sahen in der Veränderung eine große Chance und weniger ein Risiko. Eigentlich war das nicht so wahnsinnig mutig, was ich da gemacht habe, auch wenn es von meinem Umfeld so wahrgenommen wurde. Ich habe nicht ad hoc unreflektiert gehandelt, sondern bin mit großer Zuversicht in die Veränderung gegangen. Mein Gefühl damals: Ich springe lieber in kälteres Wasser und spüre das Leben.

Ralf Metzenmacher, Jahrgang 1964. Einst Puma-Director Europe und International, jetzt Pinselartist. Foto: Metzenmacher

HARMONIE DER UNTERSCHIEDLICHKEIT

Herr Metzenmacher, Sie nennen sich „Pinselartist" und Ihre Kunst „Retro-Pop-Art". Was ist das?

Meine Beobachtung ist: Gerade junge Leute sehnen sich nach Dingen, die in der Geschichte verankert sind. Die Halt geben. Daraus will ich etwas machen. Ich will Gutes und wichtige, kluge Gedanken der

Vergangenheit aufgreifen, die heute große Relevanz besitzen und neu beleuchtet werden müssen. Ich bin Forscher in einem Feld, das noch nicht besetzt ist. Mir geht es im Wortsinn um bildende Kunst. Aus dem Designbereich beherrsche ich die Reduzierung von Komplexität. Dieses Wissen bringe ich in meine Bilder ein.

Werden wir konkreter: Woran haben Sie zuletzt gearbeitet?

Nelson Mandela war 2018 mein großes Thema. Anlässlich seines 100. Geburtstages habe ich ihn neu portraitiert und dann in allen Farben des Regenbogens koloriert. Was er uns zu sagen hat, ist universell wichtig. Ich möchte Zusammenhänge bebildern. Der Zeitgeist rennt dem Prinzip der Gleichheit nach. Für mich ist aber der chronische Dualismus viel bedeutsamer.

Hat das Ihr Konto gefüllt?

Ehrlich gesagt: nein. Wirtschaftlich betrachtet ist mein Weg ein Desaster. Ohne mich mit ihnen auf eine Stufe stellen zu wollen muss ich aber sagen, dass viele große Künstler zu Lebzeiten finanziell wenig erfolgreich waren. 500 Galeristen bestimmen heute weltweit, was Kunst ist und was nicht. Das wissen alle Kunstschaffenden. Die Säulen unserer Betriebe heißen Kreation, Vertrieb und Marketing. Und an Letzterem mangelt es bei fast jedem Künstler. Auch bei mir. Wir sind von unserer Arbeit überzeugt. Aber wir stellen uns damit nicht schreiend auf den Marktplatz. Wir wollen gefunden werden. Schauen Sie sich jedoch an, wie beispielsweise Kunstpreisvergaben laufen. In den Jurys sitzen Leute ohne Erfindergeist …

Über Kunstgeschmack lässt sich trefflich streiten. Selbstzweifel haben Sie nicht?

Nein. Von meiner Mission bin ich überzeugt. Und das Materielle ist mir nicht mehr so wichtig. Ohne Ballast kann man sich viel leichter bewegen in der Welt. Nur so bin ich zum Beispiel den Jungs von „Fury in the Slaughterhouse" begegnet, die Songs zu fünf meiner Bilder geschrieben haben. Und ich gehe lieber in die Schulen und ermutige Kinder in Kursen, ihren eigenen Weg zu gehen, interdisziplinär zu denken, als mich nach dem roten Teppich zu sehnen und nach dem Geschmack einflussreicher Gönner zu verbiegen. Erst wenn die Gedanken von beispielsweise Historikern, Politikern, Wissenschaftlern, Musikern, Malern und Designern zusammenfließen und gemeinschaftlich betrachtet werden, erst dann kann man zu einer souveränen Urteilsfähigkeit gelangen. Mir geht es weniger um Ruhm als um die Botschaft, die Harmonie der Unterschiedlichkeit aufzuzeigen. Einseitigkeit führt zu Konflikten. Ich hoffe auf Fortschritt durch Empathie.

Eine Empathie, die Sie selbst schon in der Kindheit entwickelt haben ...

Ich bin mit der Ansage groß geworden, dass man nicht auf Kosten anderer lebt. Und das man teilt, was man hat. Darum habe ich mich auf dem Höhepunkt meiner Karriere auch gefragt: Was machst Du hier eigentlich? Und wieviel Zeit bleibt Dir noch, Sinnvolles zu tun? Ich habe viele Millionäre kennengelernt und bei Ihnen Demut vermisst. Sie machen nichts aus ihren Möglichkeiten. Der Realitätsverlust an der vermeintlichen Spitze der Gesellschaft ist immens. Reichtum isoliert, denn wer die Welt hinter einem Stacheldraht aussperrt, schließt sich zugleich auch ein. Früher war das Bildungsbürgertum der Kitt zwischen den verschiedenen Bevölkerungsschichten. Doch der bröckelt gewaltig und da will ich nach meinen Möglichkeiten gegensteuern. Wie wir Technik fördern, müssen wir vor allem erstmal Menschen fördern!

Das haben Sie selbst so gestaltet, als Ihnen die Möglichkeiten als Puma-Design-Chef offenstanden. Skizzieren Sie doch bitte kurz Ihre Stationen ...

Na ja, erstmal habe ich aus Ausbildung zum Blechschlosser in Aachen gemacht. Mit meiner Hände Arbeit konnte ich überleben. Eine wichtige Erfahrung. Dann habe ich wieder die Schule besucht, an der FH Objekt- und Produktdesign studiert, mich quer durch die Lande beworben und bin 1992 bei Puma genommen worden. Damals ein Betrieb mit 98 Mitarbeitern, Marken wie Reebok, Adidas oder Nike waren weitaus cooler. Doch dann bekamen handwerklich gut gemachte Schuhe ein gutes Design und der Erfolg blieb nicht aus. Als ich im Alter von 40 Jahren einen Vorstandsposten angeboten bekam, ihn aber dankend ablehnte und kündigte, waren es weltweit fast 10.000 Mitarbeiter!

Was genau haben Sie bei Puma gemacht?

Verantwortlich für Produkt-Design und Businessmanagement, war ich nach raschem Aufstieg ab der Jahrtausendwende Director für den Bereich „Footwear Europe" und „Accessories International". Der Erfolg ist von Saison zu Saison gewachsen. Mit über 900 Millionen Euro habe ich einen Großteil des Umsatzes verantwortet. Wir haben beispielsweise fünf Millionen Bälle im Jahr produziert. Weite Reisen – etwa nach Pakistan – gehörten in diesem Zusammenhang zu meinen Pflichten. Das hat meine Sicht verändert, ich hatte eben immer schon diese soziale Ader.

Sind – vereinfacht gefragt – Gewinnmaximierung und soziales Engagement nicht Gegensätze?

Nicht zwangsläufig. Man kann verantwortlich handeln. Ich habe zum Beispiel dafür gesorgt, dass Nähzentren in den Dörfern entstehen. So gab es in diesen Betrieben keine Kinderarbeit, sondern vielmehr ortsnahe Kindergärten und Schulen für die Kids der Näherinnen und Fabrikarbeiter. Doch nun erfahre ich, dass diese Zentren geschlossen werden, weil mittlerweile Maschinen die Bälle schneller und effizienter nähen. Ein technischer Fortschritt. Eine menschliche Tragödie.

Sie sind 2004 bei Puma weggegangen als „Chairman of the Circle" im Gremium für Kreativität, Zukunftsplanung und strategische Ausrichtung. Haben Sie da nicht eine Riesenchance vertan?

Nein. Der Schritt war auf jeden Fall richtig. Es hat mich einfach nicht mehr interessiert, ob ich noch eine Kollektion oder noch einen Schuh entwerfen konnte. Meinem früheren Arbeitgeber werfe ich nichts vor. Ich bin es, der sich verändert hat. Ich habe auf den Reisen so viele Menschen und Denkwelten kennengelernt. Die Perspektiven der anderen eingenommen. Ich habe vieles reduziert. Nicht zuletzt die Zahl meiner Freunde. Oberflächlichkeit und Eindimensionalität sind mir zuwider. Man muss Dinge schon philosophisch umfassender betrachten ...

So wie Alexander von Humboldt ...

Genau. Mit ihm befasse ich mich aktuell in meiner Kunst. Er war kein Spezialist, er dachte universell. Sein Gedankengut ist wichtig für unsere Welt, in der Technik das Leben immer einfacher machen soll. Aber meist zugleich neue Probleme hervorbringt.

Matthias Compes, Jahrgang 1965. Bis Ende 2017 Top-Manager im Rohstoffhandel. Setzt seit 2018 auf Halal-Kosmetik, Unternehmensbeteiligungen, Interimsmanagement sowie Coaching und Mediation. Foto: Niklas Stadler

PLANLOS GLÜCKLICH

Zunächst mal für alle, die sich damit nicht auskennen: Was ist Halal-Kosmetik?

Halal-Kosmetik ist frei von Ethanol (Alkohol) und unerlaubten tierischen Bestandteilen und entspricht somit den Anforderungen der Halal-Richtlinien. Die Anforderungen an die Halal-Zertifizierung sind sehr streng und aufwändig, da nicht nur das Endprodukt, sondern der komplette Wertschöpfungsprozess von der Rohstoffgewinnung bis zum Endprodukt halal sein muss. Andere Kosmetikprodukte können Ethanol (Alkohol) und unerlaubte tierische Bestandteile enthalten oder könnten im Rohstoffgewinnungs- oder Produktionsprozess damit in Kontakt und somit mit Nicht-Halal-Bestandteilen kontaminiert sein. Mit unserer halal-zertifizierten Kosmetiklinie sprechen wir Konsumentinnen an, die nicht unbedingt religiös sein müssen, aber Wert legen auf eine besonders reine Kosmetik.

Was reizt Sie daran?

Zunächst reizt es mich, mit meinen MitstreiterInnen ein eigenes Unternehmen aufzubauen, das international tätig sein wird. Durch die Berücksichtigung spezieller Bedürfnisse einer wachsenden Gruppe von Konsumentinnen sehe ich zudem ein großes wirtschaftliches Potenzial für unser Unternehmen. Besonders interessant fand ich von Beginn an, dass wir eine auf Freiheit und Toleranz fokussierte Geschäftsphilosophie etablierten wollten, welche Frauen ansprechen soll, die wertorientiert konsumieren möchten, ohne dabei eine dogmatische Haltung zu haben.

Durch meine Beteiligung an einem Familienunternehmen, welches in der Lohnproduktion von Kosmetik tätig ist, habe ich zudem natürlich eine gewisse Affinität zu dem Thema Hautpflege.

Mit Kosmetik hatte Ihr vorheriges Berufsleben wenig zu tun, bitte skizzieren Sie Ihren Werdegang.

Ich bin in Hamburg, Hannover und später in Essen zur Schule gegangen, da habe ich auch mein Abi gemacht und nach der Bundeswehrzeit BWL studiert. Ich wollte unbedingt in die Mineralölwirtschaft. Dort war ich zunächst zwei Jahre lang als Trainee bei meinem ersten Arbeitgeber, wo ich in das internationale Geschäft hineinschnuppern konnte. Anschließend wechselte ich das Unternehmen und arbeitete im Auslands-Controlling eines Rohstoffhandelskonzerns. Nach dreieinhalb Jahren schickte mich der Vorstand dann als Finanzgeschäftsführer nach Wien. Ich weiß noch genau, als ich zum Ende einer Arbeitswoche das Angebot bekam, nach Österreich zu gehen und dann gesagt habe, dass ich es mir bis Montag überlegen würde. Heute nimmt man sich für so eine Entscheidung mehr Zeit…

Was es denn die richtige Entscheidung?

Absolut ja. Ich stieg vom Sachbearbeiter im Controlling zum Finanzgeschäftsführer Österreich und Osteuropa auf, hatte mit meinen Kollegen zunächst 250 Millionen Euro Umsatz zu verantworten. Der Anfang war herausfordernd, neue Strukturen mussten geschaffen werden, ich musste mich an die Führungsaufgabe gewöhnen. Mit der Zeit sind wir ein super Team geworden, ich hatte da eine wirklich gute Zeit. Die Zahlen waren spitze, schraubten sich bis auf eine Milliarde Umsatz hoch. Das entsprach der Unternehmenskultur vom immer weiter steigenden Wachstum.

Kennt Wachstum keine Grenzen?

Doch, und darauf haben wir mit einem Neuzuschnitt der regionalen Aufteilung reagiert, Österreich aus dem Osten herausgenommen und in eine DACH-Region mit der Schweiz und Deutschland vereint. Es folgte ein sehr gutes Jahr 2016, da habe ich – mittlerweile regionaler CEO – viel Zeit und Energie in die Schaffung einer gemeinsamen Kultur investiert. Doch 2017 ist der komplette Konzern dann schlecht gestartet. Es gab in dieser Zeit Differenzen mit unserem Vorstand darüber, wie wir als Führungsteam gegenüber den Mitarbeiterinnen und Mitarbeitern reagieren sollten. Spätestens da merkte ich, dass meine Art zu Denken nicht mehr mit der des Unternehmens, nämlich Lösungskonzepte aus der Mottenkiste des Managements zu holen, überein passte, dass ich da weg musste. Der Kopf hatte sich bereits schon länger auf den Weg gemacht.

Hat das Erstaunen ausgelöst?

Ja, das war sicher irritierend für einige Mitarbeiter und Köpfe im Vorstand. Ich möchte betonen, dass alle Beteiligten das sehr professionell durchgezogen haben und wir eine saubere und anständige Trennung hinbekommen haben. Ich war 21 Jahre in dem Unternehmen, davon 18 Jahre in Geschäftsführerpositionen. Ich habe Osteuropa und viele wunderbare Menschen kennengelernt. Ich bin dem Unternehmen dankbar für die tolle Zeit.

Warum musste sie denn enden? War die Kündigung wirklich klug – oder eher eine später bereute Kurzschlusshandlung?

Nein. Ich habe mir vorher schon immer öfter Gedanken darüber gemacht, was ich denn eigentlich noch erreichen möchte. Durch die lange Zeit in einem einzigen Unternehmen hatte ich das Gefühl dafür verloren, was ich denn außerhalb der mir bekannten Strukturen noch umsetzten kann. Es ist angenehm, wenn man weiß, dass Dinge in einer bestimmten Konstellation funktionieren. Aber das lähmt auch und führt zu der Frage, wie lange ein Feld noch spannend ist, wenn man schon jeden Winkel kennt. Verstärkend kam hinzu, dass sich die Unternehmenskultur und meine Sicht auf die Welt in unterschiedliche Richtungen entwickelten. Ich glaube nicht mehr an eine unaufhörliche Gewinnmaximierung, vielleicht bin ich im Laufe des Lebens einfach „politisch linker" geworden. Und rücke den Menschen stärker in den Mittelpunkt meiner Überlegungen. Die ständige Weiterentwicklung eines Unternehmens ist wichtig, die völlige Fixierung auf steigende Quartalsergebnisse ist hingegen kontraproduktiv und schadet dem Unternehmen in einer sich wandelnden Welt. Ich achte mehr auf Sein als auf Schein und möchte nicht mehr in das alte Laufrad mit all seinen Vorzügen zurück. Meine Hauptantriebsfeder für die Kündigung ist und bleibt allerdings die Neugierde!

Was sollten wir in dem Zusammenhang über Sie privat wissen?

Natürlich spielen Erfahrungen und das aktuelle persönliche Umfeld eine entscheidende Rolle. Nach der Trennung meiner Eltern habe ich ab dem 13. Lebensjahr mit meinem Vater mehrere Jahre in einer „Männer-WG" gelebt. Er hat das toll gemacht, war verständnisvoll und hat mich gleichzeitig stark an seinem Berufsleben teilhaben lassen. Das hat mich geprägt und mir gezeigt, dass man mit Kreativität und Tatendrang immer weiterkommt.

Natürlich – so viel Vernunft muss sein – hatte ich mir vor meiner Entscheidung die finanzielle Sicherheit geschaffen, um nicht sofort nach der Kündigung in eine hektische Jobsuche verfallen zu müssen. Denn wirklich konkrete neue Pläne hatte ich seinerzeit nicht, aber die Verantwortung für eine Familie! Neues geht aber nur, wenn Altes zu Ende ist, finde ich. Dann kann man die Antennen ausfahren, einen neuen Blick auf die Welt gewinnen und schon ist alle Unsicherheit weg. Elementaren Halt hat mir meine Frau gegeben. Seit 1992 sind wir zusammen und haben 1996 geheiratet. Unsere Kinder sind 1997 und 2000 geboren. Als Psychotherapeutin hat sie eine eigene Praxis. Sie hat voll hinter mir gestanden und mich bedingungslos unterstützt. Sonst hätte ich den Schritt vermutlich auch nicht gewagt – und ich würde das übrigens auch keinem ohne die Unterstützung des Partners oder der Partnerin empfehlen.

Haben Ihre Freunde und Bekannten Sie nicht für komplett verrückt erklärt?

Alle haben gedacht, dass ich schon einen ganz klaren neuen Plan in der Tasche habe. Das hätte auch zu mir gepasst. War aber nicht so. Ich hatte also schon mit einer Art Statusverlust gerechnet. Damit, gesellschaftliche Anerkennung zu verlieren und in eine Rechtfertigungshaltung zu rutschen. Aber zu meiner Überraschung hat keiner meinen Schritt angezweifelt, ich habe im Gegenteil sehr viel Zustimmung erfahren. Sogar Ermunterung nach dem Motto: „Es gibt so viele

Möglichkeiten, mach das!" Und am Ende des Tages sind es ohnehin wenige allerbeste Freunde, die zählen. Und wenn die hinter einem stehen, ist alles gut. Viele haben sogar schon eingestanden, dass sie selbst über einen ähnlichen Schritt nachdenken.

Was ist seit der Kündigung auf Gefühlsebene passiert?

Da war erstmal die totale Euphorie. In der freien Zeit sprudelten neue Ideen. Es gab auch Tage tiefer Täler und wenn ich in den Spiegel geschaut habe starrte mich da jemand an und sagte „demnächst bist Du arbeitslos!" – aber das waren nur wenige Momente. Ich merke, dass ich viele verschüttete Fähigkeiten reaktivieren und auf große Kreativität zurückgreifen kann. Viele Manager, vor allem, wenn sie einen langen Karriereweg absolviert haben, definieren sich sehr über ihre Position und ihren Status. Wenn das wegfällt, bedarf es einer neuen Selbstdefinition. Das erfordert zunächst einmal Arbeit an sich selbst, auch bei mir.

Wie geht es beruflich weiter?

Mehrgleisig und perspektivenreich. Das Schönste ist: Durch die Selbstbestimmtheit kann ich fokussiert und hocheffizient arbeiten. Das „Blabla", das in großen Konzernen dazu gehört und auch in gewissem Maße dazugehören muss, entfällt. Ich setze auf meine Beteiligungen und engagiere mich in einer Unternehmens-Nachfolgeberatung, kann mir aber auch noch viele andere Dinge vorstellen. Unter anderem habe ich mich zum Coach und Mediator ausbilden lassen – dies auch mit Blick auf Tätigkeiten, die mir Erfüllung und Freude bringen – und die man auch nach der Pensionierung noch als sinnvolle Betätigung ausüben kann.

Christoph Junge beleuchtet das Thema „Midlife-Wechsel" aus Sicht des Arbeitgebers. Er ist langjähriger Finanz- und Personalvorstand in der IT-Branche und gestaltet erfolgreich Rahmenbedingungen für die Arbeitswelt von heute und morgen bei der adesso AG. Als Hauptvorstand des Verbandes Bitkom (Bundesverband Informationswirtschaft, Telekommunikation und neue Medien e. V.) steht er dazu im ständigen Austausch mit anderen Unternehmern. Foto: adesso

PLÄDOYER FÜR MEHR FLEXIBILITÄT

Unsere Generation stellt sich Sinnfragen. Diese verdichten sich um die Lebensmitte herum. Die Antworten darauf können zu beruflichen Brüchen führen, wie einige der vorangegangenen Interviews anschaulich belegen. Moderne Arbeitgeber ahnen solche Entwicklungen voraus. Sie beobachten, stützen sich auf wissenschaftliche Studien, erarbeiten Visionen – und handeln. Längst haben sie flexible

Lösungen entwickelt! Aus ureigenem Interesse: Sie wollen gute Leute im Unternehmen halten – und neue gewinnen. Das geht nur mit neuen Strukturen. Denn die nachwachsenden Talente warten mit ihrem Work-Life-Balance-Check nicht mehr, bis die ersten grauen Haare sich zeigen und die Kinder aus dem Haus sind. Sie starten bereits mit gut sortierten und formulierten Wünschen und Forderungen ins allererste Bewerbungsgespräch!

Was hat sich aus Arbeitgebersicht verändert? Blicken wir auf die vergangenen 15 Jahre, in denen ich als Personaler die Arbeitsbedingungen in unserem Hause mitgestalten konnte. In diesem Zeitraum hat sich die Zahl unserer Mitarbeiter bei der Adesso AG von ursprünglich 400 auf rund 4.000 verzehnfacht. Wohlgemerkt im hart umkämpften Markt der IT-Branche. Dies konnte nur gelingen, weil wir uns als Unternehmen viele Gedanken gemacht und uns flexibel aufgestellt haben. Man muss wissen, was den Menschen wichtig ist.

WENIGER REISEN, GERINGERES RISIKO

Im Vergleich zu früher sind beispielsweise Reisetätigkeiten und Auswärtsübernachtungen inzwischen ein Malus bei der Auswahl des Arbeitgebers. War es vor einigen Jahren noch ganz nett und angesagt, etwa als Hamburger Teammitglied mal für eine Weile in Frankfurt eingesetzt zu werden, hat sich diese Einstellung komplett gedreht. Temporäre Ortswechsel sind mittlerweile für die Mehrheit nicht mehr attraktiv.

Wir haben darauf reagiert und die Anzahl der Büros in Deutschland in wenigen Jahren verdreifacht. Jetzt sind wir engmaschig in fast allen wichtigen Regionen und Städten vertreten und können kurze Wege beschreiten. Übrigens stellen wir fest, dass dies für uns finanziell kaum Auswirkungen hat. Die entfallenden Reisekosten halten sich mit den Mehrausgaben für die neuen Standorte annähernd die Waage – bei einem hohen Zuwachs an Zufriedenheit.

Die Gehaltsmodelle haben sich ebenfalls deutlich weiterentwickelt. Wo vor 15 Jahren den Beschäftigten noch der Zusatzverdienst durch viele bezahlte Überstunden wichtig war, stehen nun verschiedene Alternativen zur Wahl – vom Basisgehalt mit mehr oder weniger Bonusverdienstmöglichkeiten bis hin zu jeglichem Verzicht auf variable Gehaltsbestandteile. Viele Mitarbeiter möchten sich nicht unter Druck setzen (oder setzen lassen) durch die unsichtbare „Bonuspeitsche".

GESUNDE AUS- UND FAMILIENZEITEN

Mein Eindruck ist, dass die IT-Branche, für die ich sprechen kann, bereits eine ganze Menge für die Vereinbarkeit von Beruf und Freizeit/Familie unternimmt. Ein paar Beispiele aus unserem Unternehmen: Waren Telcos um 18 Uhr „nach getaner Arbeit" fruher durchaus üblich, gibt es jetzt absolut keine Telefonkonferenzen mehr an Randzeiten. Eine grundsätzliche Erreichbarkeit – vor einigen Jahren noch selbstverständlich – wird heute vom Arbeitgeber nicht mehr vorausgesetzt. Ebenso wenig das Lesen von Mails außerhalb der Arbeitszeit oder gar im Urlaub. Wir bieten Eltern-Kind-Büros an. Wir haben einen „Raum der Stille" eingerichtet, wir legen Wert auf regelmäßige Achtsamkeitstrainings, wir gewährleisten ein umfassendes Gesundheitscoaching und viele Dinge mehr.

Arbeitgeber, die noch nicht auf diesem Level stehen, mögen befürchten, dass all diese Maßnahmen teuer sind und den Gewinn des Unternehmens drastisch schmälern. Aber das ist eine zu kurzfristige Betrachtung. Wer mit seiner Firmenphilosophie auf der Höhe der Zeit ist, wer sich aufrichtig um Klarheit, Offenheit, Wertschätzung und Fairness im eigenen Haus kümmert, profitiert auf ganzer Linie. Dazu gehört für mich der Dialog mit der gesamten Mitarbeiterschaft inklusive der Führungsetage.

STRUKTUREN SCHAFFEN, IM DIALOG SEIN

Dies umzusetzen ist eigentlich nicht schwer. Man muss nur die entsprechenden Strukturen schaffen. Bei uns im Haus durchlaufen alle Hierarchieebenen kontinuierlich Schulungen. Wir arbeiten bei adesso mit diversen Regelterminen. Der Vorstand trifft sich mit der ersten Führungsebene zu Diskussionen inklusive Abendessen. Die Führungskräfte wiederum kommen auf gemeinsamen Reisen mit gemischten Teams zu verschiedenen Themen zusammen. Es gibt regelmäßige Frühstücksverabredungen mit Vortrag und Diskussion in den Geschäftsstellen, wo ein Vorstandsmitglied die Mitarbeiter vor Ort trifft. Wir legen auch Wert auf ungezwungene Meetings, sogenannte „blaue Stunden" in den Standorten: Umtrunk, Snacks und Zeit zum Plaudern. Beliebt ist unser „Frag den Vorstand"-Format: Hierbei werden dem Vorstand vor laufender Kamera live anonym eingereichte Mitarbeiter-Fragen gestellt.

BÖSE FALLE: HIERARCHIEDÜNKEL

Das Wichtigste: Man darf keinen Hierarchiedünkel aufkommen lassen. Wir alle sind Menschen, wir alle haben ein Ziel hinsichtlich des Unternehmens, wir begegnen einander auf Augenhöhe. Es zählt das Argument, es darf keine Abschottung geben. Bei uns wird der Vorstand übrigens geduzt. Die Autorität geht damit keinesfalls verloren. Wichtig ist die Einrichtung einer Mitarbeitervertretung. Regelmäßig sollte man sich Stimmungsbilder bei der Personalabteilung einholen. Allgemein ist gutes Hinhören ratsam. Meine Erfahrung ist übrigens, dass Mitarbeiter die für sie wichtigen Themen durchaus selbstbewusst artikulieren.

EXPERTENMEINUNG

ANGEBOTE WAHRNEHMEN

Hier kommen wir an einen unbequemen Punkt: In der öffentlichen Diskussion nimmt eine gesunde Lebensweise, die Bedeutung von Ernährung und Sport, von Auszeiten oder verantwortungsvoller Mediennutzung breiten Raum ein. Wir alle wissen, dass es einen Unterschied macht, darüber zu diskutieren – oder Dinge selbst umzusetzen. Die Beschäftigten (und da schließe ich den Vorstand mit ein) stehen also auch selbst in der Verantwortung, sich um ihr Wohlbefinden zu kümmern. Wer da nicht bis an den Kern vordringt, wechselt vielleicht das Unternehmen – tappt da aber wieder in dieselben Verhaltensmuster und wird auf Dauer nicht glücklicher.

Ein Unternehmen kann viele Bausteine anbieten. Doch hier beobachte ich – bei allem Wandel – immer noch ein zu großes Zögern in der Mitarbeiterschaft, diese auch anzunehmen. Das trifft vor allem wieder die etwas Älteren. Wir bieten beispielsweise schon lange die Möglichkeiten von mehrmonatigen Auszeiten an. Unsere Erfahrung ist, dass zu wenig Menschen dies nutzen. Hier schimmern überholte Strukturen durch: Wer vermeintlich „Schwäche" zeigt, befürchtet schwindende Karrierechancen, erfüllt den eigenen Anspruch nicht. Das ist immer noch in den Köpfen drin. Außerdem ist der Mensch von Natur aus bequem und scheut die Veränderung, wenn sie nicht zwingend notwendig ist. Nicht zu unterschätzen ist auch der Abgleich mit Anderen. Nach dem Motto „wenn die aus dem Kollegium das hinbekommen, muss ich das ja wohl auch schaffen". Ein Abweichen wird als irgendwie unnormal empfunden. Das möchte man sich selbst nicht eingestehen.

OFFEN SEIN FÜR UMBRÜCHE

Wenn man dann also doch zu lange gewartet hat und feststellt, dass psychische und/oder körperliche Symptome nach einem „full stop" schreien, muss man handeln. In einer persönlich als Notlage empfundenen Situation stellt sich die Frage nach „guter Taktik" oder „Klugheit" nicht mehr. Klüger wäre es gewesen, sich laufend und frühzeitig mit sich zu beschäftigen, in sich reinzuhören und dann in einer Situation mit noch genügend Stabilität über einen Plan B nachzudenken.

Auf der anderen Seite ist es schwer, für sich einen passenden Plan B zu entwickeln und auch schon mit der Umsetzung zu beginnen, sprich Gespräche zu führen, wenn starker Stress und das Gefühl von Überforderung schon starken Einfluss auf einen Menschen haben; dann ist die Reißleine, Stabilität finden und daraus dann einen Plan B zu entwickeln, kein schlechter Weg. Ganz allgemein betrachtet, bietet temporäre Planlosigkeit auch die Chance für einen Umbruch in ein vielleicht passenderes Aufgabegebiet und Umfeld. Da sind wir in Deutschland vielleicht noch etwas zu althergebracht.

Hier plädiere ich für mehr Offenheit, dies ist auch an die Adresse von Arbeitgebern gerichtet. Unternehmen sollten sich neue Filter für ihre Bewerber-Stapel überlegen, nicht so schematisch vorgehen und sich stärker darauf einlassen, auch interessant klingende Personen mit einer „Umbruch-Vita" kennenzulernen. Vielleicht entgeht ihnen sonst ein Talent, das nicht „trotz", sondern vielmehr „wegen" eines durchlebten Sabbatjahres spannend sein kann.

Konzerne bieten meistens vielfältige Betätigungsfelder. Das sollte aktiver genutzt werden, um Mitarbeitern die Möglichkeit von Umbrüchen innerhalb des Konzerns zu geben, statt sie an den Wettbewerb zu verlieren. Wir richten beispielsweise derzeit Karriere-Coaches ein, mit denen man vertrauensvoll über Wechsel innerhalb der Gruppe und auch in andere Berufsbilder sprechen kann und die dann unterstützend tätig werden, Hürden zur Seite zu räumen. Begleitend sollte die Grundstimmung im Unternehmen zu Wechseln innerhalb der Gruppe positiv besetzt werden. Wichtig ist, dass wir alle tun, was zu uns passt und Freude macht.

Prof. Dr. med. Gustav Dobos leitet die Klinik für Naturheilkunde und Integrative Medizin an der Universitätsklinik in Essen, ist Lehrstuhlinhaber der Alfried Krupp von Bohlen und Halbach-Stiftungsprofessur für Naturheilkunde, Vorsitzender der Deutschen Gesellschaft für Naturheilkunde und geschätzter Pionier auf seinem Gebiet. Er wendet ausschließlich wissenschaftlich erforschte naturheilkundliche Methoden an und ist u. a. Autor des Spiegelbestsellers „Das gestresste Herz." Foto: privat

RECHTZEITIG DEN STECKER ZIEHEN

Ich gratuliere den Interviewten in diesem Buch. Sie haben berufliche Entscheidungen getroffen und sind dabei ihrem Herzen gefolgt. Das war aus medizinischer Sicht betrachtet absolut richtig.

Eigentlich ist es gar nicht so schwer, es sich gut gehen zu lassen. Der Körper sendet die wichtigsten Signale, die man dafür benötigt – an die frische Luft gehen, wenn der Kopf anfängt zu dröhnen, eine Esspause einlegen, wenn das Mittagessen noch immer im Magen liegt, keinen Kaffee mehr trinken, wenn der Puls ohnehin schon das Herz antreibt. Aber den meisten von uns fehlt einfach die Zeit, sich um unsere Bedürfnisse zu kümmern. Wir müssen funktionieren, in Schule und Familie, am Arbeitsplatz oder in der Pflege unserer Angehörigen. In der 24/7-Gesellschaft gibt es keine individuellen Freiräume mehr – man müsste schon auf eine einsame Insel fahren, um einen Ort ohne WLAN und WhatsApp zu finden. Rund um die Uhr leben wir in einer Welt voller Ansprüche, und selbst in der wenigen Freizeit sind wir mit einer Vielzahl von Optionen konfrontiert. Wir müssen uns ständig neu entscheiden, ob es um den Einkauf im Supermarkt geht, den Abschluss eines neuen Handyvertrags, die Schule der Kinder oder das nächste Urlaubsziel. Die Qual der Wahl – sie verursacht Stress.

WENN DER SÄBELZAHNTIGER ÜBERALL LAUERT

Stress ist nach seiner ursprünglichen Definition des ungarisch-kanadischen Mediziners Hans Selye (1907–1982) eine „Reaktion auf eine Anforderung". Auf das Signal einer Gefahr hin stellt sich der Körper in Bruchteilen von Sekunden auf Kampf oder Flucht um: Ausgehend von Impulsen aus dem Gehirn, der Nebennierenrinde und dem Sympathikus sorgt eine Kaskade von Botenstoffen, darunter die Stresshormone Adrenalin und Cortisol, dass das Blut aus den Extremitäten in das Körperinnere fließt, um dort das Herz zu Höchstleistungen anzutreiben, dass die Haut schweißnass wird und der Mund trocken. Die Gedanken werden flüchtig, Konzentration fällt schwer – jetzt geht es nur noch ums Überleben!

In Stressmodellen wird hier oft der sprichwörtliche Säbelzahntiger zitiert, der hinter dem Busch lauert, oder der flüchtige Schatten, der uns in Angst und Schrecken versetzt. Doch wenn der Kampf bestanden ist oder sich herausstellt, dass der Schatten von einer Wurzel stammte und nicht von einer Kobra – dann setzt dann rasch eine Umkehr der

Botenstoff-Signale ein. Statt ihn aufzuputschen sollen die Botenstoffe nun dafür sorgen, dass wieder Ruhe einkehrt, die Nerven langsamer feuern, der Energiehaushalt hinunterschaltet, das Herz sich erholt. In der Natur geht das bewundernswert schnell, deshalb nannte Robert Sapolsky, Neuroendokrinologe in Stanford, sein Buch über den Stress auch „Warum Zebras keine Migräne kriegen". Kaum haben die Löwinnen ein Opfer gerissen und davon geschleppt, grast der Rest der Herde wieder friedlich in der Savanne. Der „Stress" ist vergessen.

Ganz im Gegensatz zu dem, was der moderne Mensch als „Stress" erlebt. Der Organismus richtet sich in einem permanenten Zustand des „Flieh oder kämpfe" ein, er bleibt in Dauerabwehr von Gefahren, die bei näherer Betrachtung vielleicht gar keine sind. Nicht jedes Telefonklingeln signalisiert unangenehme Überraschungen, und die Welt wird nicht untergehen, wenn der Zug nicht pünktlich zur Konferenz ankommt. Aber unsere Biologie ist in solchen Fällen stärker als unsere Vernunft, sie führt uns in die Irre – denn der Grundsatz des Überlebens lautet: Lieber eine Gefahr zu viel sehen als eine zu wenig.

EINE KÖRPERSTÖRUNG UNSERER GESELLSCHAFT

Nun ist es allerdings so, dass diese Anlage, die unsere Vorfahren vor dem Untergang bewahrt hat, heute zielstrebig dorthin führt. Stress nämlich hat, wenn er sich chronifiziert und nicht abgebaut wird, wesentlichen Anteil an fast allen Erkrankungen – allen voran den Herzkreislaufleiden. Aber auch die entzündlichen Darmerkrankungen, Rheuma und Arthritis, Krebs, Asthma, Allergien und sogar Depressionen werden durch Stress zumindest verschlimmert, wenn nicht sogar hervorgerufen.

Zwar ist fast jeder von uns irgendwie „gestresst", doch was das wirklich bedeutet, realisieren die meisten von uns gar nicht mehr. Die

Vielzahl der Reize und Impulse, mit denen wir täglich überschwemmt werden, die Geschwindigkeit, in der sie auf uns einprasseln, führen dazu, dass wir unsere eigenen Körpersignale nicht mehr wahrnehmen. Oder sie falsch interpretieren: 40 bis 49 Prozent der Patienten, die in eine Arztpraxis kommen, haben nicht das, was sie glauben zu haben: Der Brustkorb tut weh, aber in 90 Prozent der Fälle steckt kein körperliches Problem dahinter. Kopfschmerz – zu 80 Prozent ohne organische Ursache. Müdigkeit, Schwindel – ganz ähnlich. Solche medizinisch unerklärbaren Symptome sind ein neu erkanntes Phänomen. Früher hat man solche Patienten vielleicht für Hysteriker gehalten, für Hypochonder oder für Menschen, die sich einfach mal per Krankschreibung ein paar Tage Ruhe verschaffen wollten. Heute entdecken wir dahinter ein tiefer liegendes Problem – eine Art Körperstörung unserer Gesellschaft. Verstärkt wird sie noch weiter durch Medikamente wie Schlaftabletten, Schmerzmittel oder Anti-Angst-Medikamente sowie Alkohol oder andere Drogen.

EHRLICHE WAHRNEHMUNG ANSTELLE KÜNSTLICHER GEFÜHLLOSIGKEIT

Diese „Körperstörung" hat auch die Medizin befallen. Denn sie behandelt weiterhin die Symptome von Krankheiten, obwohl diese nicht die Ursache sind, sondern nur Ausdruck eines Ungleichgewichts. Wenn wir Symptome wie Schmerz unterdrücken, verändern wir in Wirklichkeit kaum etwas, sondern leiten höchstens eine künstliche Gefühllosigkeit ein. Die Wahrnehmung all unserer Körpersignale ist aber ganz zentral, um dem Raum zu geben, was die Natur uns geschenkt hat: die Fähigkeit zur Anpassung an unsere Umwelt, die Selbstregulation.

Unsere Patienten lernen also wieder zu spüren. Das Wahrnehmen des eigenen Organismus ist das Kernelement jeder der großen traditionellen Heilkunden, der europäischen Naturheilkunde genauso wie der Chinesischen Medizin oder der Ayurveda. Das Spüren – sei es durch kalte Güsse, warme Wickel, Massagen oder Bewegungslehren wie Yoga und Tai Chi – löst eine Vielzahl von Prozessen nicht nur im Gehirn aus: Botenstoffe werden ausgeschüttet, Nervenimpulse wandern durch den Körper, Gefäße weiten oder verengen sich, Denkprozesse werden angestoßen. Sich wieder wahrzunehmen aktiviert die Fähigkeit einer „tiefen inneren Heilung", betont der Pionier der Achtsamkeitslehre, Jon Kabat-Zinn – auf vielen Ebenen gleichzeitig. Sein Programm der Mindfulness-Based Stress Reduction (MBSR) gehört zu den Säulen der Mind-Body-Medizin, welche die Tradition der naturheilkundlichen Ordnungstherapie (Bewegung, Ernährung, Entspannung, Spiritualität) um Erkenntnisse der Hirnforschung, der Immunologie und der Psychologie ergänzt. Es ist zentraler Bestandteil des in Essen in den vergangenen 20 Jahren entwickelten Mind-Body-Programms MICOM (Mind Body Medicine in Complementary Medicine).

DIE ANGST DAVOR, DEN STECKER ZU ZIEHEN

Sich wieder zu spüren, löst nicht selten eine Art Panik bei unseren Patienten aus. Ein Unternehmer zum Beispiel, der mit einem Bluetooth-Stecker im Ohr für sein Handy und dem Verlangen nach viel Kaffee und Coca Cola zu uns in die Klinik kam, haderte mehr als eine Woche mit seinem Aufenthalt (und dem Koffeinentzug), bis er realisierte, dass das ungewohnte Abschalten und Ausklinken ein wichtiger Teil der Therapie gegen seine chronische Migräne war.

Durch unser zweiwöchiges Behandlungsprogramm zieht sich deshalb von Anfang an das Thema Stress und der persönliche Umgang damit – die Frage, ob und wie Stress wahrgenommen wird, was ihn jeweils auslöst und welche Strategien es gibt, seinen negativen Folgen individuell etwas entgegenzusetzen. Denn jedes Leben enthält andere Handlungsoptionen.

Zum Beispiel bei Herzerkrankungen. Herz und Gehirn kommunizieren auf mehreren Wegen miteinander – über elektrische Impulse der

Nerven und über Hormone und Neurotransmitter, also Botenstoffe, die Signale übertragen. Die Nervenfasern teilen sich in stimulierende, sympathische, und beruhigende, parasympathische. Die sympathischen haben ihren Ursprung in Nervenkörperzellen am Hals. Sie werden auch als Herznerven (Nervi cardiaci) bezeichnet, weil sie für die Beschleunigung der Herzfrequenz zuständig sind. Die Herzfrequenz beschreibt die Zahl der Kontraktionen des Herzmuskels in einer bestimmten Zeiteinheit. Sie ist häufig identisch mit dem Pulsschlag, aber nicht immer. Die parasympathischen Fasern, die für die Entspannung und eine Verlangsamung des Herzschlags sorgen, entspringen dem Nervus vagus, dem zehnten Hirnnerven. Diese Nervenfasern enden in einem Nervengeflecht, dem sogenannten Plexus cardiacus, an der Herzbasis. Innerhalb des Herzens werden die elektrischen Impulse zur Steuerung der Muskelkontraktionen über das Reizleitungssystem des Herzens weitergeleitet.

Sympathikus und Parasympathikus sind Teile des vegetativen Nervensystems und meistens Gegenspieler: Während der Sympathikus den Organismus auf eine Aktivität einstellt – Kampf oder Flucht – dominiert der Parasympathikus in Ruhe- und Regenerationsphasen.

Ausgehend von Impulsen des Hypothalamus, des Vermittlers zwischen Nerven- und Hormonsystem, sorgt der Sympathikus dafür, dass Adrenalin und Noradrenalin ausgeschüttet werden, die den Körper aktivieren. Cortisol unterdrückt Entzündungen und reguliert das Immunsystem herunter. Endorphine sind sogenannte „Glückshormone", die Schmerzen kurzfristig unterdrücken können. Sie sorgen zum Beispiel dafür, dass Achterbahnfahren oder Bungee-Jumping zu Hochgefühlen führen können. Das Schilddrüsenhormon Thyroxin ist dafür da, die Körpertemperatur und den Energieumsatz zu steuern.

Inmitten dieser dynamischen Regelkreise schlägt das Herz und reagiert auf jede Veränderung.

STRESS BEFEUERT DAS INFARKTRISIKO

Menschen, die sich gestresst fühlen, erleiden häufiger Infarkte als andere. Eine mögliche Ursache dafür sind Störungen der Reizleitungen des Herzmuskels, die zu Rhythmusstörungen führen. Die Beziehung zwischen Gehirn und Herz ist dabei noch nicht vollständig aufgeklärt – die Art und Weise, wie unsere Psyche Emotionen und andere Belastungen verarbeitet, scheint jedenfalls eine zentrale Rolle zu spielen. Das autonome Nervensystem, der Sympathikus und der Parasympathikus, wird durch starke Gefühlsschwankungen aus dem Gleichgewicht gebracht. Das wirkt sich auf die Rezeptoren der Nervenzellen und ihren Stoffwechsel aus.

Am gefährlichsten sind dabei Wut und Ärger. Sie erzeugen ein spezielles Muster an elektrischen Störungen am Herzen, das sich von dem anderer Gefühle deutlich unterscheidet. Das Risiko, dabei eine tödliche Rhythmusstörung zu erleiden, ist besonders groß für Personen, die bereits unter einer Erkrankung der Herzkranzgefäße leiden. Erbfaktoren sind für 30 bis 40 Prozent der Rhythmusstörungen verantwortlich. Dabei wissen wir auch, dass der Botenstoffhaushalt, der die individuellen biologischen Stressreaktionen prägt, nicht nur genetisch angelegt ist, sondern von der Mutter auch während der Schwangerschaft auf ihr Kind übertragen wird. Äußere Faktoren wie Missbrauch und Gewalterfahrungen in früher Kindheit verstärken die Empfindsamkeit.

Sich solche Risikofaktoren bewusst zu machen, ist ein Teil von Prävention und Therapie. Oft können wir einzelnen Stressfaktoren, zum Beispiel am Arbeitsplatz, nicht direkt aus dem Weg gehen. Aber zu lernen, die entspannenden Momente unseres Lebens wahrzunehmen, wieder schätzen zu lernen und gezielt einzusetzen, das kann uns schützen. Es verleiht uns das Gefühl einer gewissen Kontrolle, der Selbstregulation. Die positiven Erfahrungen, die wir dabei machen, helfen uns dann zu Änderungen im Lebensstil, die vielleicht nicht immer gleich leicht sind, aber deren positive Effekte wir rasch erkennen: durch gesünderes Essen, mehr aktiver Bewegung und gezielter Entspannung. Das Gefühl, seinen eigenen Körper neu entdeckt zu haben, gibt unseren Patienten Kraft für den Alltag, und sie erhalten ein Instrumentarium der Selbsthilfe und Selbstfürsorge. Meine Lieblingsdefinition für all das hat einst ein Patient geliefert. Er sagte: „Was ich hier in der Naturheilkunde erfahren habe, ist eine Therapie für eine dickere Haut!"

Stefan Wiesenberg berät Menschen in Umbruchsituationen. Neben einer umfassenden Ausbildung qualifiziert ihn seine eigene Vita dazu: Nach Aufbau und Entwicklung mehrerer Unternehmen ist er heute als geschäftsführender Gesellschafter, Coach und Perspektivberater für Unternehmer und Führungskräfte tätig. Seine Überzeugung und Erfahrung: „Brüche bringen Dich weiter". Foto: K+S

NUR MUT: REFLEKTION TUT GUT!

Meine Generation ist in der Lebensmitte angekommen und stellt sich Sinnfragen. Das ist normal und gut so!

Schon Carl Gustav Jung, Begründer der analytischen Psychologie, spricht von der Lebenswende, vom Mittag des Lebens. Der Beginn, der Morgen des Lebens, dient dazu, sich zu entwickeln und die eigene Lebensgrundlage aufzubauen. Ist dieser Zweck erfüllt, reicht alleine die Existenzsicherung als Lebenssinn für die meisten nicht mehr aus. Nachdem sich die Energien in der ersten Lebenshälfte mehr nach außen richten, beginnt bei vielen in der zweiten Lebenshälfte das Wachsen nach innen – und damit verbunden die Suche nach der Berufung.

Doch was macht man mit den daraus resultierenden Antworten, wenn die Karriere gerade läuft wie geschmiert? Als Jung 1961 in der Schweiz starb, da war es noch recht unpopulär wenn nicht gar undenkbar, einen angesehenen Managerposten aus so „lapidaren" Gründen wie der Selbstverwirklichung sausen zu lassen. Fleiß, Gehorsam, Erfolg, Verantwortung oder Haltung wurden mit dem Blick in die Gesellschaft hinein interpretiert.

Wir schauen heute aber stärker auf uns, unser Wohlbefinden, wir hinterfragen den Sinn unseres Tuns. Was ist in den vergangenen Jahren auf der Strecke geblieben? Will ich so weitermachen?

Die Entwicklung von Leuten meiner Generation lief klassischerweise so: In jungen Jahren schaute man erstmal, dass man sich materiell und den gesellschaftlichen Erwartungen entsprechend gut aufstellte. Schule, Studium oder Ausbildung, Beruf, Familie, Auto, Haus, vielleicht Kinder... vieles lief in vorgezeichneten Bahnen. Doch jetzt stellen sich die Sinnfragen – und wir trauen uns, die Antworten ernst zu nehmen, ihnen Konsequenzen folgen zu lassen.

DIE UNZUFRIEDENHEIT KOMMT AUF LEISEN SOHLEN

Wie in einigen der vorangegangenen Interviews nachlesbar, signalisieren uns nicht nur die Stimmen im Hinterkopf, sondern manchmal auch körperliche Symptome, wann die Zeit einer analytischen Bestandsaufnahme gekommen ist. Dinge laufen meist nicht von heute auf morgen aus dem Gleichgewicht. Die Unzufriedenheit schleicht sich an. Sie macht sich unter anderem dadurch bemerkbar, dass man

- sich jeden Morgen aus dem Bett quälen muss

- sich im Büro überlegt, was man eigentlich gerade lieber täte

- begeisterungslos nur noch „den Job erledigt"

- nur noch am Beruf festhält, weil die Angst zu groß ist, nichts anderes mehr zu finden

- ein wachsendes Gefühl von innerer Leere und Sinnlosigkeit spürt.

Je mehr Punkte zutreffen, umso dringender sollte man an einem neuen Fahrplan arbeiten. Ich möchte ein Beispiel aus meiner beruflichen Praxis nennen.

Da kommt der Geschäftsführer eines großen mittelständischen Unternehmens, Top-Ausbildung, glückliche Familie, Haus etc., doch er fühlt sich immer öfter erschöpft, weniger motiviert und beruflich sehr angespannt. Stress bereitet ihm eine Umorganisation am Arbeitsplatz. In seiner Wahrnehmung wächst seine Belastung ständig, die Firma frisst ihn auf, für Freizeit und für ihn selbst bleibt kein Raum. Hier braucht es eine klare Bestandsaufnahme, professionelle Begleitung ist in diesem Fall sinnvoll und ratsam. Er spürt innerlich, dass er sich beruflich verändern will.

Drängende Fragen an dieser Stelle sind:

- Wie passen Persönlichkeit und der bisherige Lebensweg zusammen?

- Wofür stehe ich morgens auf, welches sind meine Lebensmotive?

- Was sind meine Talente und Fähigkeiten? Und welche bereiten Freude?

- Wie ist meine familiäre Situation?

- Wie bin ich vernetzt, gesellschaftlich, beruflich?

- Wo liegen meine Interessen – und finden diese genug Berücksichtigung in meinem Lebensalltag?

Manchmal ist die berufliche Unzufriedenheit eine Art „Ablenkungsmanöver" und die Gründe liegen eigentlich in ganz anderen Bereichen, mit denen man sich weniger auseinandersetzen möchte.

Ein weiterer Fall: Eine Führungskraft um die 50 Jahre will sich aus dem Unternehmen zurückziehen. Schnell kristallisiert sich heraus, dass sie sehr konfliktscheu ist, vor allem im Umgang mit ihren Kollegen. Also lege ich das Coaching so an, dass wir den Umgang mit Konflikten trainieren. Dabei stärken wir ihre Persönlichkeit und die Bereitschaft sowie Fähigkeit zur Auseinandersetzung. Es freut mich zu sehen, dass sie heute weiter erfolgreich in ihrem Unternehmen tätig ist.

LICHT INS DUNKEL DER GEDANKEN UND GEFÜHLE BRINGEN

Immer gilt: Situationen sind änderbar! Als Coach mache ich die Erfahrung, dass eine Analyse der Lage für die Betreffenden sehr wertvoll ist. Wer seine Situation durchleuchtet – sieht klar. Das tut gut. In einigen Fällen führen die Gedankenspiele zu dem Schluss „Mein Leben ist gut so und ich sollte es so weiterführen". Die meisten erkennen aus der Analyse, dass Weichenstellungen nötig sind. Spielräume können erkannt und genutzt, Strukturen umgebaut und angepasst werden.

Übrigens tritt oft bei der Stärken-Schwächen-Analyse Erstaunliches zutage. Kaum zu glauben: Unternehmer sind sich oft gar nicht dessen bewusst, dass sie das Regiebuch ihres Arbeitslebens selbst in der Hand halten und umschreiben könnten. Nicht umsonst sind sie „selbstständig"!

EXPERTENMEINUNG

Nehmen wir den geschäftsführenden Gesellschafter, der seine Firma verlassen will; ihn quält das Gefühl, nur noch Dinge zu bearbeiten, die ihn nicht mehr motivieren. Er sieht dabei überhaupt nicht, dass er es ist, der die Dinge ändern kann: Er kann seine Organisation anpassen, Aufgaben delegieren und sich nur noch um die für das Unternehmen wichtigen Dinge kümmern, die ihn wiederum positiv herausfordern. Er setzt all dies um und führt seine Firma nach einer Flaute wieder richtig nach vorne.

DIE EIGENEN STÄRKEN WIEDERENTDECKEN

Viele Führungskräfte verlieren ihre besonderen Fähigkeiten und Eigenschaften aus dem Blick. Dazu fällt mir aus meiner Coaching-Tätigkeit der angestellte Geschäftsführer eines größeren Unternehmens ein. Er war für seine Ecken und Kanten und kontroverse Diskussionsführungen im Sinne des Unternehmens bekannt und hoch geschätzt. Doch plötzlich meinte er, es jedem recht machen zu müssen, fokussiert auf die letzte Fünf-Jahres-Verlängerung seiner Tätigkeit bis zur Rente. Er wunderte sich ernsthaft darüber, dass er mit seiner Haltung auf einmal bei seinen Gesellschaftern in die Kritik geriet.

Einen beeindruckenden Wechsel vollzog ein angestellter Mitarbeiter, der nach reiflicher Überlegung wirklich eine 180-Grad-Wende in einen ganz neuen Businesszweig und zugleich in die Selbstständigkeit wagte. Damals 40 Jahre alt, verheiratet, zwei Kinder. Seinen Posten als Marketing-Leiter hat er an den Nagel gehängt und ist heute erfolgreicher Unternehmer und Fernsehmoderator. Gemeinsam haben wir seinen Ausstieg aus der Firma vorbereitet und neue Business-Ideen analysiert.

WER FREIHEIT VOR SICHERHEIT WÄHLT, WIRD BELOHNT

Wer solch einen Schritt geht, muss mutig sein und die Bereitschaft mitbringen, Neues zu lernen. Eine hohe Frustrationstoleranz ist wünschenswert – und der finanzielle Background für die Veränderung zur Überbrückung einer „Durststrecke" unabdingbar. Ich spreche da aus eigener Erfahrung:

Quasi vom Hörsaal weg habe ich ein IT-Unternehmen aufgebaut, an die Börse und – nach heftigen Turbulenzen rund um 9/11 – letztlich in eine Fusion mit einem großen Softwaredienstleister geführt.

Dann kam Umbruch Nummer eins. Ich hatte Angebote aus der gleichen Branche, aber mein Bauchgefühl riet mir, besser auf andere Bereiche zu setzen. Sich neu aufzustellen, das braucht eine Weile. In den folgenden drei Monaten hatte ich viel Zeit für meine Frau und meine drei Kinder und konnte die Familienzeit sehr genießen. Dann kam 2006 eher zufällig der Einstieg in ein Medienunternehmen, bei dem ich bis heute als geschäftsführender Gesellschafter in kaufmännische und vertriebliche Themen der Film- und Fernsehproduktion eingebunden bin. Parallel dazu war ich in den Aufbau und die Weiterentwicklung verschiedenster Firmen im Ruhrgebiet, in Hamburg und Berlin involviert. Die Unterschiedlichkeit der Branchen und Themenfelder war für mich sehr inspirierend und richtungsweisend.

Ich wollte tiefer einsteigen in die Möglichkeit, Unternehmen über das Coaching von Führungskräften, Geschäftsführern und Gesellschaftern auf- und auszubauen.

Daher entschied ich mich im Alter von 45 Jahren für den Umbruch Nummer zwei: Ich startete ins Studium der Betriebspsychologie.

Nochmal in die Uni zu gehen war eine wirklich gute Entscheidung! So kann ich heute Coaching und Mediation gepaart mit dem fundierten

Wissen um eine erfolgversprechende Unternehmensführung anbieten. Ich bin dankbar, dass ich in so vielschichtigen Aufgabenstellungen arbeiten kann.

Sie sehen, man kann viele Stellschrauben finden und drehen. Dies sollte man im Sinne des Wohlbefindens und nicht zuletzt der eigenen Gesundheit auch tun!

ARBEITGEBERFÜRSORGE: VON GUT GEMEINT BITTE ZU GUT GEMACHT!

Einen dringenden Appell möchte ich an die Adresse der Arbeitgeber richten. Wie auch in einigen der Interviews durchklingend, sehe ich in vielen Chefetagen deutliche Defizite in der Mitarbeiterpflege. Sie wird viel zu häufig schlicht übersehen oder als unnötiger Schnickschnack abgetan. Das führt zu manchem Eigentor: Wie groß ist der Schaden, wenn eine Führungskraft kündigt und all ihr Know-how und ihre Fähigkeiten mitnimmt!

Dies ist nicht nur ein Problem in kleinen und mittelgroßen Firmen, sondern auch bei den „global Playern": Zehn Führungskräfte aus einem Konzern haben gleichzeitig und privat einen Workshop bei mir gebucht, um ihre berufliche Veränderung zu planen. Was für ein Armutszeugnis für den Arbeitgeber! Da fehlten selbst mir zunächst die Worte.

Unternehmen haben zwar heutzutage durchweg „Zeitmanagement" und „Führung" im Trainingsangebot – aber viel zu selten sehe ich Seminare zur Selbstreflektion. Hinzu kommt eine mangelnde Flexibilität oder gar Verstimmung, wenn ein Arbeitnehmer tatsächlich Veränderungswünsche innerhalb des Hauses äußert. Diese ansprechen zu dürfen, sollte vielmehr zur Unternehmenskultur gehören, statt als drohender Kündigungsgrund über dem Szenario zu schweben.

Die nachfolgende Generation, die wir zu Selbstbewusstsein erzogen haben, macht es uns längst vor: Sie hat klare Vorstellungen und Forderungen zu Themen wie Sinnhaftigkeit ihrer Arbeit, Flexibilität und Gehalt – aber eben auch zu ihrer persönlichen Work-Life-Balance.

Trauen auch wir uns, sowohl auf den Verstand als auch auf das Herz zu hören.

HERAUSGEBER UND AUTORIN

Matthias Compes
www.mcompes.al

Stefan Wiesenberg
www.perspektivberater.de

Birgit Wilms
www.birgitwilms.de

Matthias Compes und Stefan Wiesenberg hatten die Idee zu diesem Buch. Aus ihrer eigenen Vita heraus wissen sie: Es tut gut, privat und beruflich dem Herzen zu folgen. Dazu erforderliche Brüche mögen verrückt erscheinen – vor allem, wenn man weit oben auf der Karriereleiter steht – sie führen aber zu Klarheit und Glück. Die beiden Unternehmer holten Journalistin Birgit Wilms mit ins Boot. Sie führte die Interviews und übernahm die redaktionelle Begleitung des Projektes. Alle drei suchten und fanden in ihren Netzwerken Menschen, die aus einem erfolgreichen Management heraus neue Wege eingeschlagen haben – und dazu bereit waren, ihre besonderen Geschichten mit uns allen zu teilen.

Fotos: Niklas Stadler, K+S, Antonia Krapp